JN233157

東京外車ワールド

1950〜1960年代
ファインダー越しに見たアメリカの夢

高木 紀男 写真・文

GG BOOKS

東京外車ワールド

1950〜1960年代 ファインダー越しに見たアメリカの夢

目次

8	若い方に見て、知っていただきたい。日本と外車が幸せな関係にあった時間——大川 悠
10	昭和30年～40年代　アメリカ兵の車を追いかけた20年——高木紀男
15	立川市内カーウォッチング
50	**立川基地**

- フェンスの穴からアメリカをのぞき見る　52
- 三軍統合記念日オープンハウス　55
- 70年代に入るとイベント会場にはスナックモビルがやってきた　58
- 空軍病院　59
- カマボコ兵舎　60
- アメリカンハウス　61
- タチカワエアターミナル　64
- 憧れのスポーツカーに出会う　66
- マイクロカーから超高級車までなんでもありだった　73
- キャディラックはアメリカの香り　75

78	**丸の内・赤坂・代々木**

- 丸の内——まだアメリカ兵の車も残っていた　79
- 赤煉瓦ビル街——一丁倫敦と言われていた　84
- 帝国ホテル——日本人はお呼びでなかった？　88
- 大手町・皇居前　92
- 銀座——田舎者は足を踏み入れにくかった　93
- アメリカ大使館周辺——新型車の宝庫だった　95
- 赤坂——溜池周辺は外車ディーラーが軒を連ねていた　101
- ワシントンハイツ周辺——アメリカの香りのする静かな住宅地　102

104	**各地の米軍基地を訪れる**

　昭和基地／関東村／府中基地／三沢基地／厚木基地／横浜／横須賀基地

若い方に見て、知っていただきたい。
日本と外車が幸せな関係にあった時間

大川 悠

時空を超えてきた写真

　もう10年近く前のことだと思う。私の手許に一冊の本が送られてきた。差出人の方に思い当たりはなかったが、開けて驚いた。それは個人出版の写真集だった。印刷はお世辞にもきれいとはいえないが、その内容がすごかった。1950年代から60年代前半にかけて、立川、横田基地で撮影されたアメリカ車の本だった。しかもそれが並のアメリカ車ではない。スチュードベーカーだけを、それもこの特異なメーカーの様々な年式、モデルを片っ端から撮影した写真集だったのである。各写真の下には、年式やモデル名の他に、簡単な解説さえ入っていた。

　その時初めて（実は二度目だったのだが）高木紀男さんのお名前を知った。おそらくその頃、私はCGか何かに50年代のアメリカ車のことを書き、それで高木さんがご自身の著作を送って下さったのだろう。それにしても「世の中にはすごい人がいるものだ」と思ったし、それ以上に「アマチュアの情熱や愛情には、私たちプロは太刀打ちできない」ことを痛感した。その後高木さんは地元の出版社から『タチカワ・エアベース・カーウォッチング』『戦後の立川カーウォッチング』なる2冊の立派な写真集を出され、その事実を証明する。

　実際に初めて高木さんにお目にかかったのは去年の初夏の頃で、やはり高木さんの本に感銘を受けた徳大寺有恒さんと日野のお宅にお邪魔したときだった。

　高木さんは代々続く歯科病院の先生だった。私より4歳ぐらい年長で、非常に物静かで穏やかな方だった。

　そこで整理整頓が行き届き、きれいにスクラップされて分類された30年から40年前の写真を、昨日整理されたようにいとも簡単に引っぱり出してくるその几帳面さに感心した。だがそれ以上に驚いたのは、「これが大川さんからいただいた一枚です」との言葉とともに、一葉の写真を見せられたときである。間違いなく私が中学生の頃、赤坂見附で撮った50年代末期のサンビーム・レイピアの写真だった。パララックスなるものを知らずに撮影したがゆえにルーフの部分が切れていることが何よりの証拠だった。

　大変失礼なことに、完全に忘れてしまっていたが、中学生のある時期、私は高木さんと文通し、写真の交換をしていたのだった。

　写真を見ていたその瞬間、「あの頃」の空気が私を包み、2002年の東京、日野市の高木さんのご自宅にいる私自身は、タ

58年頃のサンビーム・レイピアⅡ。ルーツ系のスポーティサルーンで、ヒルマン・ミンクスとベースを共用しながらも、なぜかすごく格好良かった。てっきり冬に撮影したものと思っていたが、裏を見たら59年8月赤坂溜池となっていた。15歳、中学3年生の時である。

やはり高木さんが保存していて下さっていた私の写真。57〜60年のドイツ・フォード・タウヌス17M。まさにスモール・ギャラクシー。59年3月、虎ノ門のアメリカ大使館別館（元は満州鉄道の本社、今は商船三井のビルがある）前で。背景に'58ビュイックのテール、58年頃の英国フォード・コンサルが駐車し、後ろからは当時の最新型たる59年のフォードがくる。ここは本当に天国だった。

イムトリップをしたように1950年代末期の東京へと誘われていた。ピーンッと張りつめたようでありながらも、今よりもずっと粘性が低いようで清涼な周囲の空気、現代より遙かに冷えきる冬の午後、黒いサージの学生服を着た私は、そまつなリケン製の35mmカメラを大事に抱いて、赤坂の路上にたたずんでいる。そして目前のサンビームに心を奪われたごとく魅せられている。そのクルマは現実のものとして中学生の私の前に存在していたが、それ自体が所属する世界は遙か何光年もの彼方に思えた。

あの時の風の薫りや、空気の肌触りが、そのまま私を囲んでいた。

輝かしき人生の記憶を本にしたかった

人は誰でも、人生のある時期、いつまでもその時を愛で、大事にし、懐かしみ続けたくなるような時間を得ることができる。高木さんも私も、ともに同じ頃、同じような感情とともに過ごした。貧しかったが心が輝くような日々を50年代末期から60年代初期にかけて過ごした。路上を歩き、新しい外車を発見し、それを必死になってカメラに収めるというただそれだけのことである。だがその体験こそ、ともに人生の最盛期が終わった今になっても、もっとも心の中に暖かくしかも鮮烈に残っている感覚記憶でもある。

あの時代、クルマ好きの少年たちは、日本中の外車を眺め、あるいは写真を撮りに回ったものだった。彼らは主に米軍基地の周囲や外車が陸揚げされる大きな港、そして東京でも赤坂、虎ノ門、青山あたりを中心に歩き、寒風でかじかんだ指でシャッターを切りながら、残り少ない貴重なフィルムの枚数を数えていた。

とはいえクルマ好きな少年そのものが変人と思われていた時代だから、その絶対数は少なく、それゆえにいつの間にか当時の自動車専門誌の読者投稿欄を舞台に、お互いの文通網が出来ていた。その中には後年仕事で知り合った方も大勢いるが、そういう世界の中で、お互いに顔こそ合わせなかったものの、高木さんと私はどこかで接点を持っていたのだった。

初めて実際にお目にかかり、数時間の後、ご自宅から出るときまでに私の気持ちは決まっていた。何としても高木さんの写真集を弊社から発刊したいということである。

私から見るなら実に幸せなことに、高木さんは今でもあの頃の情熱を失っていない。それには60数年の人生の大半を、まったく同じ場所で過ごし、かつての写真少年はそのまま家業を継いで、立派な歯科医になられているからだろう。つまり人生でもっとも大切だったものが、俗事とは一切関係なく、そのまま純な形で生き残っているのだ。

それを私はとても羨ましく思う。結局、クルマを見て、撮って、愛でて憧れるということが、私の場合仕事になってしまった。たしかにそれを仕事としたがゆえに得たものはあるだろうが、どこか心の中で大きなものを失ってしまったような気持ちもする。

高木さんの写真を見て、その解説文を読んでいると、失われた時間と失われた情熱が再び蘇ってくるような気がする。そしてあの時代の空気を吸うように、私自身もタイムトリップできる。

でも私が本当にこの写真集に触れて欲しいと思うのは、個人的な感傷なしにあの時代を思い出せないような私のような世代ではない。むしろ戦後など知らない世代の方に見ていただきたい。

これらの写真を見て、日本でもこれほどまでにクルマが輝き、クルマが愛され、クルマが別世界の文化の象徴だったという時があったことを、新鮮な感動とともに理解していただきたいのだ。

昭和30年～40年代
アメリカ兵の車を追いかけた20年

　昭和30年代、東京はまだ戦後を引きずっていた。昭和27(1952)年の講和条約発効後、日本は占領時代から解放された。しかし、進駐軍が多数駐留していた東京都や神奈川県には、目に見える形で戦後が残っていた。駐留する軍の名称が占領軍から在日米軍に変わっただけであった。1960年頃には都心部のアメリカ軍施設の半数が返還され、名実ともに東京は日本の顔になったが、同じ東京でも郊外の三多摩地区は神奈川県とともに占領時代の風景がそのまま展開されていた。三多摩の中心地、立川がその典型的な姿であったと思う。

　そこにアメリカ兵の車があったから、というよりそれしかなかったのが当時の立川周辺の車風景。したがって私のカーウォッチングの対象も必然的にアメリカ兵の車となった。私の住む日野市（当時は町であった）では、昭和30年代初め（1950年代後半）に自家用車を乗りまわしていたのは病院長と会社社長で、それぞれ初代のフォード・コンサルとトヨペット・クラウンであった。家の前の甲州街道を走る乗用車といえば圧倒的にAナンバー車、つまり、アメリカ兵のプライベートカーであった。立川とは多摩川に架かる日野橋でしか繋がっていなかった日野の町でも、アメリカ軍に接収された洋館や数は少ないが外人ハウス、そして原色で塗り固められた娼館が見られた。それらの前に置かれていた戦後初期のクライスラー・タウン・アンド・カントリー・コンバーチブルや黒塗りの背中の丸いフォードは、小学生であった私の眼に焼きついていた。我が家の前の甲州街道は彼らが立川基地へ通勤する通過ポイントであったから、毎日それらを見て育ったわけである。中でも印象深かったのは、どちらが前か解らないスチュードベーカー・スターライト・クーペであった。それ以前に進駐してきた上陸用舟艇、つまり車輪のついた舟が何台も目の前を連なって走り抜けて行った光景は子供心にも、アメリカにはすごい車があるものだと驚いた。ジープよりもこちらにすごい興味があった。

　小学生の高学年になると車の興味は乗用車に移っていき、時代は1950年代に入っていたので黒一色であった時代から、パステルカラーの様々な色のアメリカ車に心奪われていった。親戚の人がアメリカ兵から借りてきたと言って見せてくれた黄色のジープスターは今でも脳裏に焼きついているし、近所の進駐軍へ勤務していたお兄さんが乗せてくれた、アメリカ兵の53年型シボレーのフワフワした乗り心地はまるでソファーが走っているようだった。こういうものを見せつけられるとアメリカ車、そしてアメリカへの憧れはますます募るようになり、そのうち立川基地の南側のフェンスに顔を押しつけて最新型アメリカ車をウォッチングするようになった。車雑誌で写真を見たばかりの実物が目の前を走り抜けていくのである。

　車好きの少年が始めるコレクションはミニカーやカタログが定番であったが、私はほとんど興味はなかった。目の前を実物が走っているのだから、自分で写真を撮ればよいと考えたのだ。カタログ請求の手紙をあれこれ考えて書くより簡単ではないかと思った。昭和30(1955)年頃に父が新型の35ミリカメラ、コニカを購入したのを機にそれを時々借りて、車の写真を撮り出した。当然、きらびやかな新型車か数の少ないヨーロッパ車が被写体となった。甲州街道を走る車を流し撮りしたがうまく撮れず、立川市内へ出かけるようになった。ロケーションが都心部ではなかったので当然被写体はアメリカ兵の車、それしかなかったのである。また、その頃になるとテレビも普及し始め、力道山のプロレス中継とともにアメリカ製のテレビドラマが氾濫していた。「ハイウェイパトロール」、「モーガン警部」、「バークにまかせろ」、「サーフサイド6」等車が登場するテレビ映画を食い入るように見ていた。とくに「ハイウェイパトロール」には50年代末の新型アメリカ車が次々に登場し、興味は尽きなかった。こうして、アメリカの物質文明に毒された少年のカーウォッチングは、スタート時点の周囲の状況と思い入れの激しさ故に、アメリカのにおいのするアメリカ車、つまりAから始まったアルファベットナンバーの車にこだわるようになった。ひらがな文字ナンバ

フォード・アングリア ●1955年（昭和30年）頃
我が家の塀の内側から、甲州街道を走る車を"隠し撮り"したショット。カメラブレや枠内に入らずほとんど失敗した。歩道はガス配管工事で掘り起こされている。写真のように昔からのレンガ敷きであったが、この後普通のアスファルトになった。こんな車に乗っているアメリカ兵はかなりの変わり者だろう。

ーのアメリカ車は生理的に受けつけなかったのかもしれない。

1960年代初め頃までは、新型アメリカ車と希少なヨーロッパ車が撮影の中心であることはすでに述べたが、1961年頃になると、いつでも撮影できるからと思い後回しにしていた古いアメリカ車が市内から徐々に消えていくことに気づいた。あわてて40年代の車を追い求めたのだが後の祭りであった。1960年には大学生となり小遣いも増えたので、意を決して戦後のアメリカ車を年式別にすべてカメラに収めようと撮り始めたのである。意を決した時期が遅すぎてそれは実現しなかったが、時を同じくして我が家にもスバル360が自家用車として迎え入れられ、1962年にはそれがセカンドカーになったので、自転車のみのときより機動力が増し、すこし離れた福生へも出かけるようになった。

この頃の立川、福生周辺は二つの空軍基地を抱えていたので、カーウォッチャーにとっては夢のような時代であった。都心部からアメリカ軍の部隊が次々と三多摩地区に移転してきたので、基地や周囲には雨後の筍のように外人ハウスが建ち、住人たちの車も立川市内へ繰り出してきた。しかも60年代初めはアメリカ本国においてもさまざまなヨーロッパ車が輸入された時代であったから、カリフォルニアの縮小版と思われた立川、福生周辺もそれの恩恵にあずかり、多種多様の車を見ることができた。

しかし、このアメリカの黄金時代、1960年代をそのまま反映していたのは60年代の中頃までで、日本の高度経済成長による日本車の発展が米軍基地周辺の車風景を急速に変化させてしまった。60年代後半になると市内は日本人のマイカーで溢れるようになり、道路はほとんど駐車禁止、アメリカ兵の車は急速に影が薄くなっていった。そして基地内の車風景も日本車が増えて半分以上が日本車で占められるようになった。60年代の車風景は、アメリカ車のワイドセレクションが進んでいたのでフルサイズカーからコンパクトカー、ポニーカーからピックアップトラックやモーターホームまでさまざまな車で溢れ、日本車の発展がなかったなら、夢のカリフォルニアと同じ風景が目の前に展開されるはずであった。しかしこれは白日夢と化し実現することはなかった。夢のカリフォルニアは作り物の中でしか見ることができないのは多少残念であったが、その裏返しとして日本は豊かになり札束をちらつかせて世界中の古い車を買い漁ることができるようになったのだから、良しとするしかないのであろう。せめて相手国の車文化を破壊しなければよいのだが、と思っている。

'38 キャディラック 60S
● 1959年(昭和34年)頃
甲州街道日野橋付近のハウスの前で。小学低学年の頃、この場所にクライスラー・タウン・アンド・カントリー・コンバーチブルが駐車していたのを見た記憶がある。同じ場所に、やはりこんなクラシカルなキャディラックがあった。この車の丸の内で撮ったショットが、『カーグラフィック』誌に載っていたことがある。画面右隅にも47年頃のキャディラックのグリルがチラッと見える。

'47-'48 フォード・スーパーデラックス ● 1962年(昭和37年)5月
子供の頃、町内の娼館にいつも駐車していた黒塗りのフォードの同型車。終戦直後はやたらとこの丸っこいフォードが多かった。

'53 シボレー・ベルエア
● 1962年(昭和37年)8月
進駐軍に勤める近所のお兄さんがアメリカ兵から借りてきて、小学生の私たちをドライブに誘ってくれた車の同型車。フワフワした乗り心地だった。写真は横浜本牧で。すでにボウリング場がある。

'51 スチュードベーカー・コマンダー・スターライト・クーペ ● 1962年(昭和37年)6月
1952年頃、甲州街道を走り去っていった、どちらが前か解らないスタイルをしていたスターライト・クーペの同型車。あの時、甲州街道で見たのは、あるいは50年型だったかもしれない。

'55 シボレー・ベルエア・コンバーチブル ●1955年(昭和30年)頃
初めてカメラを持って立川市内へカーウォッチングに出かけたときのもの。ブルーとホワイトの2トーンカラー車。気持ちがあせってシャッターを押すのが早すぎて自転車のおじさんが写ってしまった。

立川市内カーウォッチング

　再開発で次々と姿が変わっていく現在の立川市。その立川市も戦後32年間市内の一角に広大な米軍基地を抱えていた。朝鮮戦争の頃、基地は名実ともに前進基地として活気に満ちていたらしい。私は太平洋戦争開戦の年に立川の曙町に生まれたのだが、終戦前に隣の日野へ移住したので、戦後10年くらいの立川の町はほとんど記憶にない。

　小学生の頃の子供の世界は現在と異なりひどく狭い世界であったから、すぐ隣の町である立川へ出かけることもほとんどなかった。年に何回か出かける映画鑑賞が主で、商店街は八王子のほうが発展していたから買い物はそちらへ出かけていた。用もないのに立川へ出かけることはなかった。あるいは風紀の点で親が避けていたのかもしれない。それでも、当時の中央線には、アメリカ軍専用の車両がついていたことや、北口の映画街の前にはスーベニアショップが並んでいたのは記憶にある。私が立川に出かけるようになったのは、車に興味を持ち出した1952年頃からだ。当時買い求めた車雑誌『ポピュラーオートモビル』に載っている、最新型アメリカ車をウォッチングするためだ。市内にはフォードのディーラーであるニューエンパイヤモーターの支店があり、ショーウィンドーには52年型のフォードが展示されていた。

　1950年代後半までの立川市内は、週末ともなると制服姿のアメリカ兵が連れ立って散策する姿をよく見かけた。とくに、洋画系の映画館の中は彼らの嬌声が響き渡っていた。私もアメリカかぶれの洋画ファンであったから、毎週のように出かけていた。彼らは多分、朝鮮半島から休暇で日本に来ていた兵士だったのだろう。1960年代になって、日本から陸軍部隊の撤収にともない、制服姿の米兵を見ることはほとんどなくなった。

　当時、市内の道路は駐車禁止ではなかったので、米兵のマイカーであるAナンバーの車があちこちにとめられていた。まだ日本人にとって車は高嶺の花であったから、彼らの車ばかりが目についた。しかし車そのものの数は1950年代後半はそれほど多くなく、彼らの車が増えてきたのは都内から部隊が三多摩地区へ移駐してきた60年頃だ。その頃になると日本人の間でも徐々にマイカー族が出てきたので、市内の道路は駐車場不足となった。そのため立川駅北口の中心部を東西に流れる緑川に蓋をして、無料の駐車場とする工事が61年頃より始まった。その完成によって、緑川通りの駐車場は絶好のカーウォッチングの場所となった。緑川通りはアメリカ兵の持ち込んだ世界中の車に加え、日本人の乗り回す国産車を含め、週末は毎日が車のミニ博覧会場のようだった。今日はどんな車に出会えるかと、わくわくしながら出かけたものだ。

　1950年代前半、東京の都心部は車が比較的自由に輸入できたため世界中の車が走っていたが、50年代後半に入り輸入制限の時代となると都心部は急速に国産車の世界へ移行した。しかし立川は、その輸入制限時代こそが、いちばん世界中の車が見られた時代であった。それは、1950年代後半こそ、世界中の車がアメリカに押し寄せた時代で、立川周辺は車に関する限り太平洋を隔てたアメリカの鏡のような存在だったからだ。そんな立川市であったが1977年の立川基地の全面返還後はアメリカ兵の姿も消え去り、一時的に活気のない街角風景になった。しかし、1990年代から再開発がスタートし、21世紀になった今日では、多摩都市モノレールの開通とともに北口一帯はビル群に生まれ変わり、以前に増して三多摩の中心的存在を確立したようだ。昔の面影は市内から全く消え去り、どこがどこだったのか特定するのが困難な場所も見られるほどの変貌ぶりを遂げてしまった。立川駅北口一帯を戦後の日本の経済発展のミニチュアモデルのような思いで眺めている今日この頃である。

'56 フォード・サンダーバード ●1958年（昭和33年）頃 北口大通り
きだ洋装店前、制服姿の米兵が見える。初代サンダーバードは2シーターのスポーティカー。56年型はリアのコンチネンタルスペアタイヤが特徴。後方には40年型のビュイック・コンバーチブル・フェートンという珍品が停まっていたのに、当時は新型車しか興味がなかった。

'49 デソート・カスタム ●1962年（昭和37年）6月
上の写真と同じ場所。夏場は強い西日が入りこむため、アーケード街の商店は、天幕をおろしていることが多かった。右手には縦縞のお揃いのシャツとワンピースを着た子供連れの夫婦が見える。夏場は下駄履きというのが当時の生活の知恵。デソートはクライスラー社の中級車。ナイアガラグリルが特徴。

MG TFミジェット
● 1958年（昭和33年）頃

左ページの写真の道路の反対側。バラック造りのスーベニアショップがあった。雨上がりの歩道。制服姿の米兵が店の中をのぞき込んでいる。左手には横文字の看板を持ったサンドイッチマンの姿も見える。当時としては一般的な風景で、洋画系の映画館には米兵の姿が多数見られた。TFはTシリーズMGの最終型。ホワイトウォールタイヤにワイヤーホイールは当時の流行。後ろの車はジープ・ステーションワゴン。

BMW イセッタ・カブリオレ
● 1958年（昭和33年）頃

上とほぼ同じ場所。多摩中央信用金庫近くにあった三上鰹節店前。同店は今も同じ場所で商いをしている数少ない店だ。左隣には裸電球のついたスーベニアショップが見える。その前を日米のカップルが歩いている。後方の55年ダッジについているナンバープレートは沖縄のものか。初期型のイセッタのカブリオレは珍品だった。興味津々に日本人がのぞき込んでいる。なかなか離れなかった。

'56 スチュードベーカー・コマンダー
● 1959年（昭和34年）頃

上の写真と同じ場所の1年後。スーベニアショップは消えて三上鰹節店は新装開店されている。わかぐさ洋装店の看板には皇太子御成婚記念セールの絵が描かれている。負け犬となっていたスチュードベーカーの56年型はレアな存在。ブルーとホワイトの2トーンカラーだった。ダットサンの後ろの56年型マーキュリー・コンバーチブルはすぐに走り出してしまい、シャッターチャンスを失った。

メルセデス・ベンツ 190SL ●1959年（昭和34年）頃北口駅前広場。ターミナルに見えるバスはまだボンネット型だ。その後方には高島屋はまだない。岩崎倉庫が見える。角の枡田屋は現在も営業中。写真の190SLは前期型で、着脱式ハードトップのリアウィンドーが小さい。

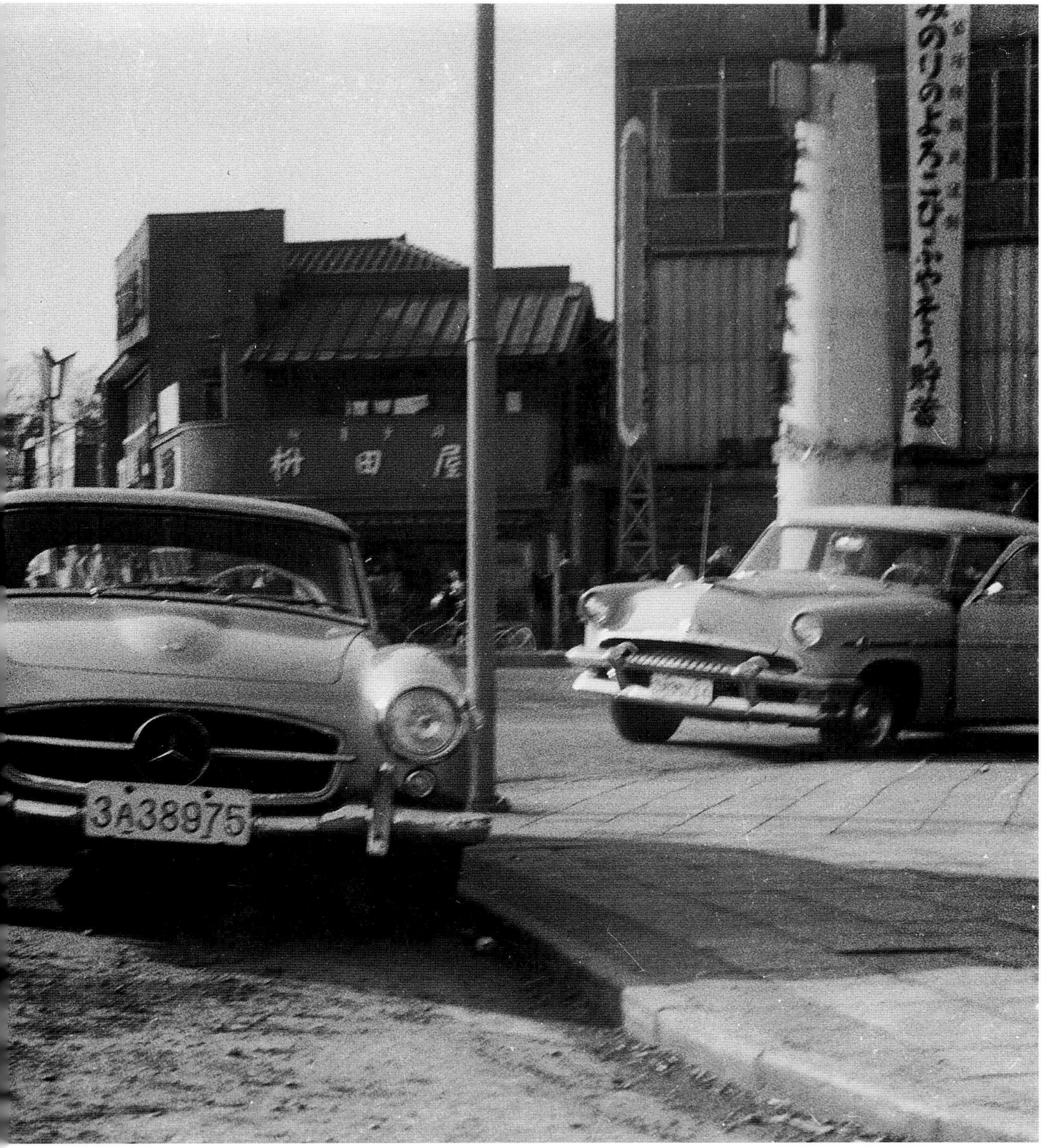

3A38975
桝田屋
のりのよろこびふやそう

'51 ハドソン・ペースメーカー ◉1962年（昭和37年）3月17日
前出の写真とほぼ同じところを別角度から撮ったもの。大阪鮨の店は現在もこの場所で営業している。ハドソンは1950年代前半ストックカーレースで活躍していた。

'61 ダッジ・ランサー 170 ●1961年（昭和36年）9月
この頃になると古いフルサイズのアメリカ車にまじって、新型のコンパクトカーがちらほら見られるようになった。日曜日の事、開店前のヤマカミ靴店前、後方にはまだ40年代のデソートも見える。

'60 シボレー・コルベア 700 ●1962年（昭和37年）3月
コンパクトカーをもう一台。60年に登場した空冷リアエンジンという異端車。アメリカ人はコルベアにスポーツカーのイメージを抱いていたので、このクラブクーペが多かった。市販されていたカスタムグリルをつけているのは珍しい。ラジエターがないので、本来はのっぺらぼうな顔。建設中の中武デパートの前から。反対側のビルは伊勢丹。

'60 オールズモビル 98 ●1962年（昭和37年）3月7日
北口大通りが緑川と交差する曙橋付近にあったふどうや洋装店脇。同店は今も同じ商いをしている数少ない店。店先反対側には、前出のわかぐさ洋装店の巨大看板が見える。59～60年のGM製のハードトップセダンは、周囲がすべてガラス張りであった。

'63 プリムス・バリアント・シグネット・コンバーチブル ● 1963年（昭和38年）8月
前出のふどうや洋装店前でカメラを引いて撮ったショット。左手の大きな木が見える所が立川ベースのメインゲート入り口。この頃になると緑川駐車場には日本車が多くなった。軽3輪と4輪のマツダ製の車にはさまれている。シグネットは上級シリーズでこのコンバーチブルと2ドアハードトップのふたつのモデルのみ。

ボルクヴァルト・イザベラ ● 1961年（昭和36年）頃
60年代初期に消滅したドイツ車。地味な車だが何台か見かけた。立川基地のメインゲート前にあった日産の代理店だった川口商店の前。隣はクラブニューヨーカー。60年代末には大きなビルに建て替えられミドリヤデパートが進出したが、短期間で撤退した。

MGB ロードスター ●1964年（昭和39年）
前出の川口商店前から立川駅方面を撮ったショット。現在では中央分離帯に大きなケヤキの木が立ち、薄暗くなってしまったが、当時はこんな状態であったから、そこからカメラを構えることが多かった。北口大通りに車が駐車できたのはこの頃まで。人々がコートを着ている真冬だが、スポーツカーはフルオープンというのが男の心意気か。

フォード・プリフェクト ●1964年（昭和39年）
上の写真と同じ場所でカメラを反対方向に向けたショット。ベースの第1ゲート前。画面の奥がフィンカム前通り。駐車している車と信号待ちの車でぎっしりつまっているので、進入していくのが難儀であろう。プリフェクトは日本人所有の初期モデル。ヘッドライトはまだ独立している。

フィンカム前通り ●1958年（昭和33年）頃
立川基地メインゲート前交差点。正面の道路が通称フィンカム前通りと呼ばれていた。奥行き300mくらいで第6ゲートに突き当たってしまう。フィンカムとは立川基地東地区の古い呼称で、年配の人々は立川基地とは言わずフィンカム基地と言っていた。FEAMCOMは極東空軍資材指令部（Far East Air Material Command、ファー・イースト・エア・マテリアル・コマンド）の略。

フォード・モデルAクーペ ◉1958年（昭和33年）頃
古い車をきれいにレストアして乗っていた米兵もいた。モデルAは何台も見かけた。中にはピックアップトラックもあった。フィンカム前通り。ダイハツ三輪トラック以外はすべてアメリカ人の車。

'49 キャディラック 62 ◉1962年（昭和37年）6月16日
前出の写真と同じ場所の反対側。キャディラックのテールフィンは48年型より始まった。フロントウィンドーはまだスプリットタイプ。背景の名前の「よろづや」という名はどこの町でも昭和30年代まで見られた。昔のコンビニ的存在であったような気がする。

'62 スチュードベーカー・ラーク・コンバーチブル ●1964年（昭和39年）頃

1962〜64年頃はアメリカ車のコンパクトカーにコンバーチブルが開花した年代。ほとんどのブランドに用意されていた。後方にも'63ファルコン・コンバーチブルが見える。フィンカム前通り沿いの電柱にはHOTEL、CLUB、BATHPLAZAの案内板がついていることが多かった。街路灯にはフィンカム前通りの案内板もついている。

ポルシェ 356A カレラクーペ ●1958年（昭和33年）頃

フィンカム前通りを少し奥へ入ったところにレストランフジがあり、その前の駐車場にはいつもアメリカ兵の車がとまっていた。カレラはポルシェの高性能モデル。後方のバーL.A.の横にはターキッシュバス・プラザの大きな横文字の広告板が見える。'55クライスラーや'57フォードも見えるが、50年代後半のアメリカ車は2トーンカラーが流行した。

'59 フォード・ギャラクシー
◉1964年（昭和39年）
サンダーバード風の角型のルーフライン
をもったモデルが、59年型よりギャラク
シーの名のもとに登場した。以後のフォ
ードの基本的デザインとなった。隣はヒ
ルマン・スーパー・ミンクス、その隣は
60年フォード。壁にはPARKING FOR
FUJI BAR & HOTEL GUESTS ONLY
と横文字だけで書かれている。

'67 シボレー・シェベル
◉1971年（昭和46年）
70年代に入るとレストランなどの駐車場
は屋根つきのチェーンで入り口を仕切っ
た有料駐車場に変身していた。英語のみ
ではなく日本語でも案内表示されるよう
になった。

'58 プリムス・ベルベデレ
◉1964年（昭和39年）2月
レストランフジの前を通り過ぎて立川ベ
ースの閉鎖されているゲートの前で、派
手なテールフィンを持ったプリムスに出
会った。57年に登場したプリムス・フュ
ーリーのテールフィンは衝撃的なデザイ
ンで58年では下位モデルのベルベデレも
同じデザインになった。

'63 フォード・ギャラクシー 500 サンライナー ●1964年（昭和39年）頃
レストランフジの反対側は空地であったが、この頃より有料駐車場になった。たぶん立川で最初の有料駐車場ではなかったか。その入り口付近にギャラクシーのコンバーチブルが駐車していた。リアのオーバーハングは年々不必要に長くなっていった。後方の横文字の看板のある小屋は駐留軍要員の事務所。

'54 キャデラック 62 コンバーチブル ●1964年（昭和39年）頃
有料駐車場にキャデラックのコンバーチブルがフルオープンの状態で駐車していた。街中でキャディのフルオープンを見ることはほとんどなかった。左手の車もレアな59年型フォード・スカイライナー・リトラクタブル・ハードトップ。電動でルーフがリアトランクに格納された。

'66 フォード・サンダーバード・タウンクーペ ◉1968年（昭和43年）頃
有料駐車場の一角は、64年頃に建てられたホテルニュープラザや保険代理店の専用駐車場となっていた。横文字の看板だらけで向かいの店の案内表示によれば、日本製の電気製品がTAXフリーで売られていたようだ。タウンクーペは、リアクォーターパネルの幅の広いサンダーバードのニューモデル。左手にはYナンバーのホンダSが見える。ホンダSは米兵の間でも大人気だった。

'52 スチュードベーカー・ランドクルーザー

◉1964年(昭和39年)9月26日
ホテルニュープラザはフィンカム前通りに1964年頃建てられたが、それまでは立川競輪場近くにあったホテルプラザが米兵の溜まり場のひとつであった。周囲の道路が手狭になったので移転したのであろう。日本語でも表示されているが、客はほとんどアメリカ人だろう。ベーカーのリアサイドガラスにはFOR SALEの張り紙がある。こういう車はよく見かけた。

'59 ポンティアック・カタリナ

◉1960年(昭和35年)頃
市内のあちこちに看板の出ていたターキッシュバス・プラザの玄関前。イメージとは異なりいたって商業的なたたずまいであった。福生のとはまるで違っていた。まだ新車に近い車なのに、すでにモールディングの一部が失われている。

ルノー・フロリード

◉1962年(昭和37年)4月29日
そのターキッシュバス・プラザの広告看板は、フィンカム前通りのレストランフラミンゴ脇のフェンス沿いに立っていた。横文字だらけの案内表示が基地の町を象徴している。ルノー・ドーフィンをベースにしたスポーティカーだが、VWカルマン・ギアほどは見かけなかった。

'55 クライスラー・ウィンザー ●1955年（昭和30年）頃
フィンカム前通りにあった、レストランフラミンゴの脇。道路の反対側の洗濯屋の名前がすごい！
FEAMCOM U.S. LAUNDRYとある。ウィンザーはクライスラーの下位シリーズ。上位のニューヨーカーとグリルパターンが少し異なっていた。

フォード・コンサル・マークⅡ ●1959年（昭和34年）頃
同じくレストランフラミンゴの脇で見たブリティッシュ・フォードのベストセラーカー。ホワイトウォールタイヤが50年代のファッション。やたらと医院の看板が多いのは、当時の立川が置かれた状況を示している。昭和20年代の残像であろう。画面の奥が第6ゲート。

'63 シボレー・シェビーⅡ 100 ◉1966年（昭和41年）2月5日
第6ゲートの手前にあった保険代理店の前はいつも米兵の車が駐車していた。アメリカは保険の国であるから、各地の米軍基地や周辺には必ずいくつかの保険代理店があった。案内表示は横文字のみ。日本人は相手にしていないらしい。

'64 シボレー・コルベット・スティングレー

◉1970年(昭和45年)頃

1970年頃のフィンカム前通り。道路の突き当りが第6ゲート。この頃になると市内のほとんどの道路は、駐車禁止となった。まだ、電柱にはプラザの看板が貼ってある。左手の建物がホテルニュープラザ、その奥には基地内の赤白チェックの貯水タンクが見える。

　この写真撮影後しばらくしてこのクルマは交通事故で大破し、ニュースは新聞にも載った。後に砂川のジャンクヤードに放置されていたのを見つけ、カメラに収めたが、その無惨な姿は哀れだった。プロボクシングチャンピオン、大場選手もコルベットで首都高の側壁に激突して他界したが、この頃のコルベットはパワーがシャシーを上まわっていたのだろうか。

35

'54 プリムス・サボイ・サバーバン ◉1963年(昭和38年)8月11日
第6ゲート前で右に曲がるとこの道に入ってくる。市内でも珍しく舗装のされてない道だ。ほとんど交通量はなかった。しかしアメリカ兵の車がいつも見られたので道路状況は悪いがよく通った。この年式のプリムスのワゴンは2ドアモデルのみ。

'56 ビュイック・スペシャル ●1963年（昭和38年）11月5日
左ページの写真の少し手前で撮影。周囲に外人ハウスがあったので、時には写真のように何台もアメリカ兵の車が連なっていることもあった。4ドアハードトップモデルは56年型アメリカ車で大流行した。ルノー・ドーフィンやVWのバスも見える。

ジャガー XK140 ドロップヘッド・クーペ ◉1964年（昭和39年）頃
凸凹だらけの砂利道にジャガーのスポーツカーがひっそりと駐車していた。XKシリーズは、この肉感的なウェストの絞り込まれた140シリーズまでがグッドだったと思う。ウェストラインが平らになった150シリーズは乗用車的になったような気がする。

'59 フォード・カスタム 300 ◉1962年（昭和37年）3月18日 高松町
第5小学校周辺はいつも米兵の車が駐車していた。周囲はハウスが近かったからだ。校舎は戦前からの木造二階建てだ。59年型フォードは、たった1年でフルモデルチェンジした。後方も59年型フォード・サンダーバード。

'46-'48 クライスラー・ウィンザー ◉1962年（昭和37年）8月27日
上の写真と同じ場所。夏になると樹木が繁って校舎は見えなくなる。60年代初めまではまだまだ40年代の車も健在で、ファストバックのアメリカ車が2台並んでいた。その間には日本人の三輪トラック、そして手前にはパンクして放置されたトラックが見える。

'61 キャディラック 62 4ウィンドーセダン ●1966年（昭和41年）
全く同じ場所の4年後、背景の校舎は鉄筋3階建てに変わり、フェンスも金網になった。アメリカ兵が多いことで風紀上の問題があったのか、フェンスには有刺鉄線も使われている。こんな学校は珍しかった。キャディラックのこの年の4ウィンドーハードトップは生産台数の少ないレアモデル。

'59 オールズモビル 98 ●1964年（昭和39年）
第5小学校脇の別な場所。木造校舎の外装の色が変わったようだ。薄いルーフラインを持った小さなキャビンの59〜60年のハードトップクーペ。治安がよかったのか窓を開け放ったまま駐車している。

メルセデス・ベンツ 220S ●1959年（昭和34年）緑川通り
立川駅北口の中心部を西から東へ横切るように流れていた緑川は、立川飛行場の雨水排水のために戦前に掘られた人工の川。写真の場所は、出発点付近である緑橋の前。川の両側の道路はまだ一方通行ではなかった。写真を撮ろうとしても子供がなかなか離れなかったので、しびれをきらしてシャッターを押した。

'61 スチュードベーカー・ラーク・ステーションワゴン ◉1961年（昭和36年）
前出の場所とほぼ同じ場所で撮影。1961年中頃に、緑川は蓋がされて無料の駐車場となり、川の両側の道路は一方通行となった。進入禁止の標識が見える。画面後方は中央映画劇場を始めとした映画館街。北多摩運送荷受所の前にあった釣具店は、道路の不法占拠であったのか、消えてしまった。川沿いの物干し台もなくなった。

'56 フォード・カントリー・スクワイア ◉1962年（昭和37年）8月25日

緑川駐車場の一番繁華街はこの立川セントラルを中心とした3つの映画館の前であろう。1960年前後セントラルや中央劇場は足繁く通った場所だ。その頃、映画館の中はいつもアメリカ兵の嬌声が響き渡っていた。カントリー・スクワイアはフォードの高級仕様のステーションワゴン。1962年4月よりKナンバーになった。

'64 ランブラー・アメリカン ◉1964年（昭和39年）頃

中央映画劇場前。看板にはシナトラ一家の出演した映画が案内されている。アニタ・エクバーグはスウェーデン出身の大柄な肉体派女優であった。私の好みはジェーン・マンスフィールドだった。マツダ・クーペ（前列左）や今日では見ることのできない三菱コルト600（後列右）の姿も見える。

フィアット 850 スパイダー ●1976年(昭和51年)頃
70年代に入ると、無料だった緑川駐車場はフェンスで囲まれた有料の駐車場になってしまった。現在ではその駐車場も取り払われて道路になっている。映画館前の駐車場にはこんなくたびれたスパイダーを見つけた。オーナーは離日のときにこの車を置いていったようだ。

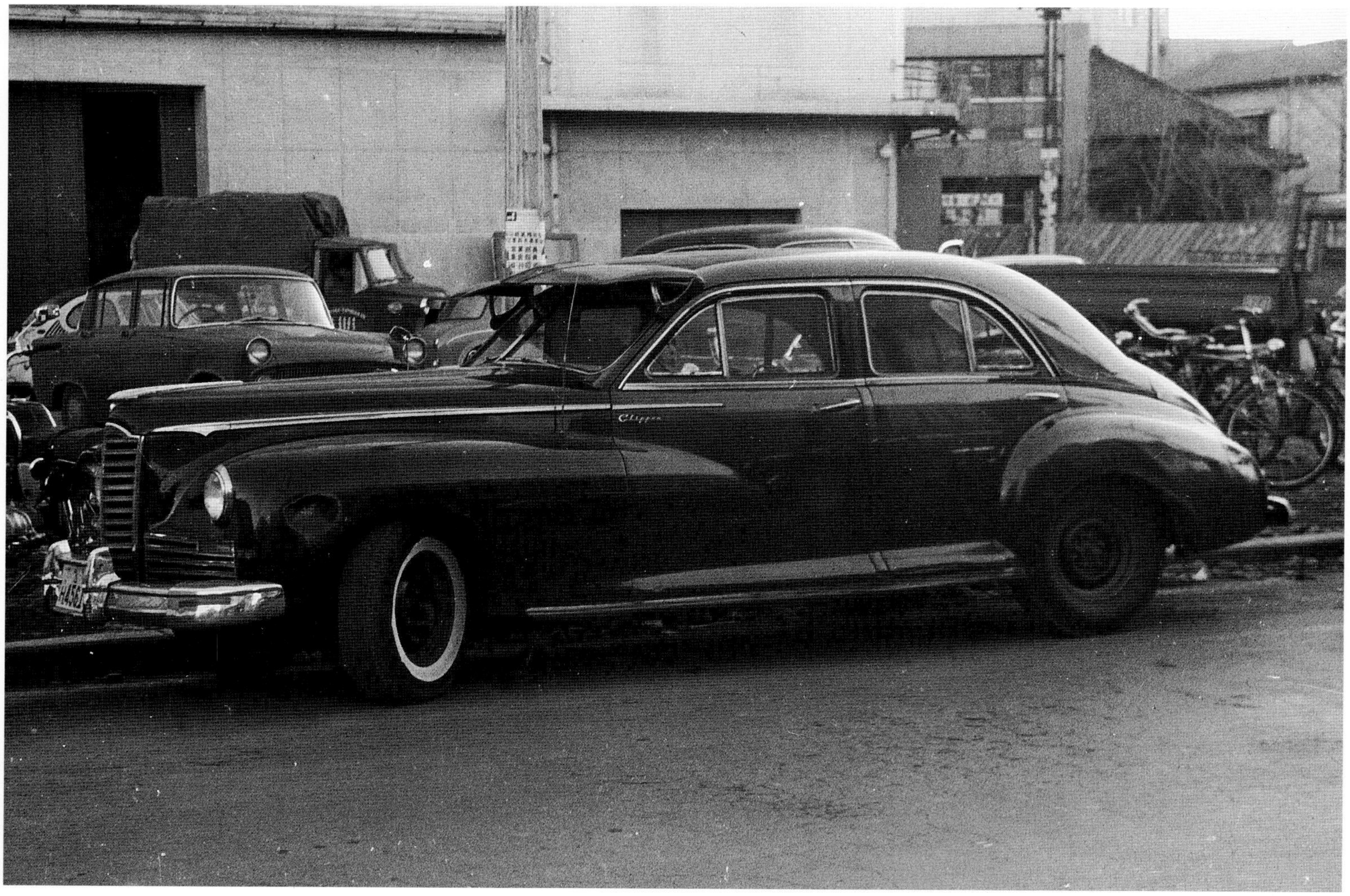

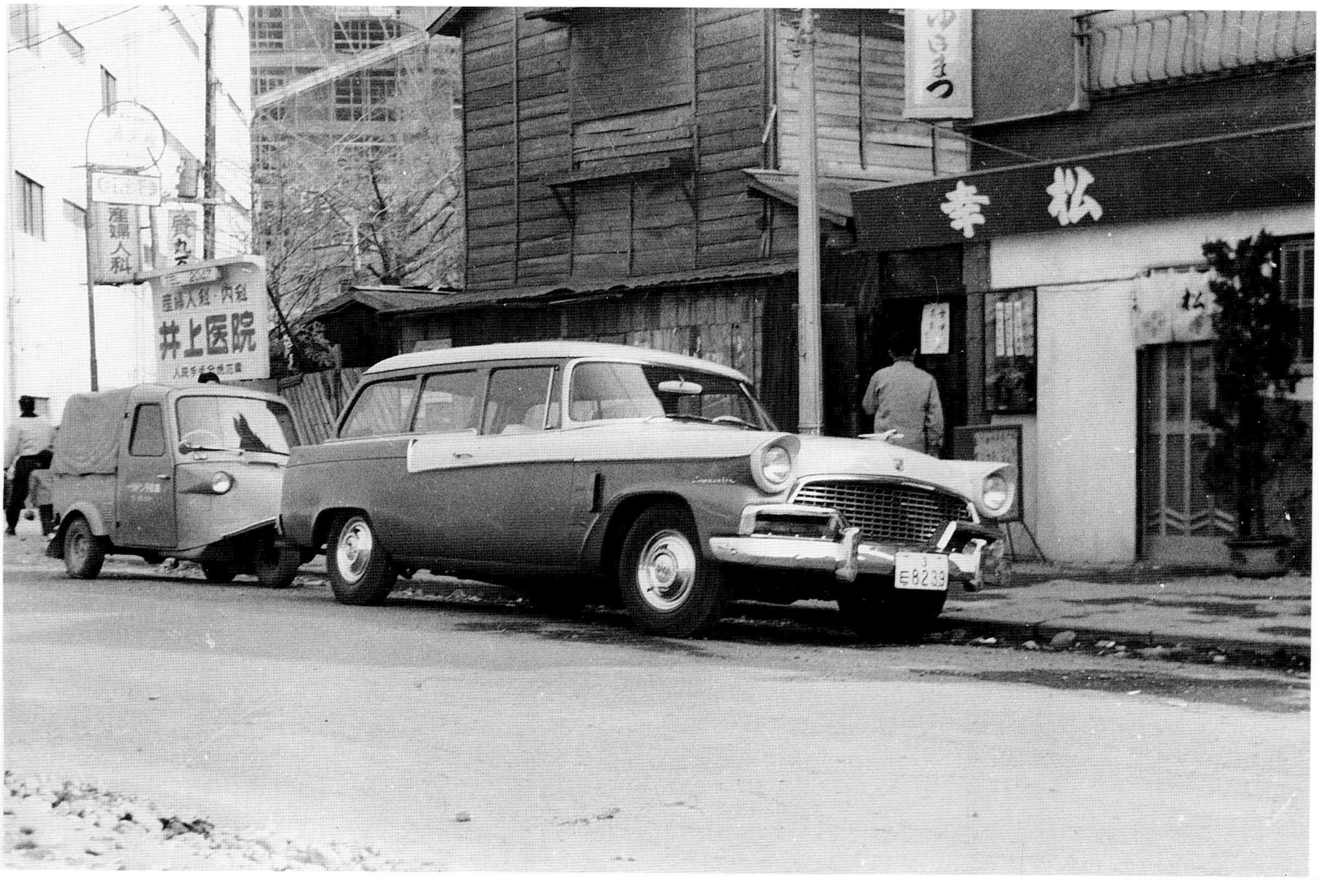
産婦人科・内科
井上医院
幸松

'46 パッカード・クリッパー ◉1961年（昭和36年）12月25日

立川セントラル前の緑川通りで、古いパッカードを見つけた。当時の流行であるアウトサイド・バイザーをつけている。駐車場はまだできたばかりで砂利敷き。写真のように車が駐車しているので、反対側からしか入れなかった。奥はトヨペット・コロナ、三菱500。ダイハツやマツダの三輪トラックの現役時代。

'56 スチュードベーカー・ペルハム ◉1962年（昭和37年）2月2日

左上の写真とは反対側の道路。スチュードベーカーのワゴンは54年型より登場したが、あまり見かけなかった。2トーンカラー全盛時の56年型。ダイハツ・ミゼットはその頃の商店の重要な"足車"であった。まだ三角窓のない初期型。画面奥は建築中の中武デパート。

'58 ランブラー・カスタム・クロスカントリー ◉1962年（昭和37年）3月7日

緑川と北口大通りの交差する曙橋以東の緑川通りには普通の民家が多かった。写真のバックにはいかにも下町風のお店の看板が見える。不動産屋の看板にも横文字でHOUSING AGENCYと付け加えられている。この辺の奥に私の生家はあった。

'61 ダッジ・ダート・パイオニア ◉1963年（昭和38年）2月

パイオニアはダートのミドルシリーズ。このクーペのバックスタイルはすばらしかったが、フロントグリルのデザインはマッチしていない。隣の初代スズライト・デリバリーバンは珍車だ。バンには後部に丸いハッチドアのついたライトバンとこのデリバリーバンの2種類があった。この頃の軽自動車はフロントのナンバープレートは不要であった。

'60 ランブラー・スーパーステーションワゴン ●1963年(昭和38年)7月21日
緑川の出発点である国立立川病院の前にはアメリカ人の集うルーテル教会があった。日曜日の午前中は、前の道路が信者のアメリカ車でいっぱいになった。屋根には十字架が輝いていた。

'48 ポンティアック・ストリームライナー ●1961年(昭和36年)9月
別の角度からそのルーテル教会の全景を撮ったショット。LUTHERAN SERVICE CENTERの文字がくっきり浮かび上がっている。40年代のストリームラインのファストバッククーペがまだ健在であった。慌ててこの頃より40年代の車を撮り始めた。左手には初代コロナが見える。

DKW ユニオール ●1964年（昭和39年）
ルーテル教会前の国立立川病院の正門付近より、街の中心部のビルを背景に撮る。後方のビルは伊勢丹と中武デパート。DKWは2ストローク3気筒エンジンを積んだFWDの車。2ドアモデルのみ。これ1台しか見なかったが、我が国にも正式輸入はされていた。

'49 ビュイック・ロードマスター ●1965年（昭和40年）1月15日
砂川の五日市街道沿いにあった自動車修理工場の前。いつも修理待ちのアメリカ兵の車で埋まっていた。奥には50年代初期のシボレーのバンらしき車も見える。

'51 キャディラック・アンビュランス ●1966年（昭和41年）5月1日
こんな変種のキャディラックを持ち込む者もいた。フロントウィンドーがスプリットの61シリーズがベースだろう。あるいは元は霊柩車だったのかもしれない。50年代初めには62シリーズがベースのアンビュランスが占領軍で使われていたようだ。

'63 フォード・ギャラクシー ●1966年（昭和41年）6月 ランドリーゲート周辺
立川ベースの西北端には洗濯工場があったので、そこのゲートはランドリーゲートと呼ばれていた。メインゲート付近とは異なり、ベースは有刺鉄線のフェンスで囲われていた。ずらりと並んでいるのは近くの教会の日曜礼拝に来た信者の車。フォードが3台並んでいた。

'50 プリムス・デラックス ●1964年（昭和39年）12月20日
ランドリーゲート周辺は多数の外人ハウスが建ち並んでいた。日本人の家はほとんどなく、異様な雰囲気であった。アメリカ村の近くに都営大山団地ができて、そこへの巡回バスの路線となってから、やっと気兼ねなく近づけるようになった。

立川基地

　立川基地は、1977年10月、32年間の占領時代に終止符を打ち日本政府に返還された。1950年代中頃に滑走路延長計画に端を発した砂川闘争で全国的に知られたアメリカ空軍の重要基地であった。その拡張計画はアメリカ軍の一方的都合で断念されて、1969年をもって飛行活動を停止し、その後は隣の横田基地の付属施設として主に住宅地区が使われていたが、70年代初めに発表された関東計画により横田基地に高層住宅群が建てられて集約され、日本に返還された。横浜の海軍住宅施設が横須賀に集約されて消滅したのとほぼ時を同じくしていた。

　立川基地の施設区域はほとんど姿を消して、昭和記念公園や陸上自衛隊東部方面航空隊基地として、また防災施設としての官庁の一部が移築されて現在の姿となっている。まだ放置されて雑草や樹木がなすがままに繁って荒れ放題の区域もあるが、いずれ開発されるであろう。立飛地区の建物は倉庫等そのまま残っている部分もあるが昔の面影はほとんどない。昔の姿を知っている者にとってはさびしさを禁じ得ないのも事実であろう。

　立川基地の活動がもっとも華やかであったのは、朝鮮戦争の頃であろう。基地に勤める人々の数は1万人を超え、毎日ひっきりなしに輸送機が離着陸を繰り返していた。私の家も滑走路の延長線上にあったので、騒音に悩まされていたもののまだプロペラ機のみであったから、それほどでもなかった記憶がある。私の家の近くでは、C-124グローブマスターが高圧線に接触して不時着した事件もあった。ベトナム戦争が活発化した1960年代中頃以降も実際には激しい動きがあったのだろうが、後方支援基地という性格のためか見た目には平和そのものであった。病院関係の軍車両が増えたのが見た目の変化であった。基地の車風景は60年代中頃がもっとも華やかであったと思う。それは1964年の東京オリンピックの選手村のために代々木のワシントンハイツが返還され、米軍施設が三多摩地区に移転してきたことが関係していたと思われる。朝鮮戦争時代と異なり、後方支援部隊が主なために家族もちの兵士が多かったのも影響しているかもしれない。

　基地の車風景はまさに百花繚乱で、さまざまな車が存在していた。しかし60年代も終り頃になると、急速に車風景は変化し始め、米兵のマイカーも古い日本車が多くなった。中にはアメリカから左ハンドルの日本車を持ち込む者も出てきた。そして1977年の返還時には日本車ばかりになり、フェンスの外も内も変わらなくなって、基地の車風景はアメリカではなくなった。必然的に私のカーウォッチングも終焉に近づき、1980年頃にピリオドを打った。その後カメラも錆びつき、シャッターが押せなくなり、長かった私の青春も同時に終った。各地の米軍基地のフレンドシップデーに出かけても人々でごった返しているが、なんの感動も得られなくなったのは自分の歳のせいばかりではないだろう。

'63 クライスラー・ニューポート ●1965年（昭和40年）
立川エアベースは輸送機の基地なので滑走路が短く、プロペラ機しか離着陸していなかった。60年代の主役はC-124グローブマスターと写真に写っているC-130ハーキュリーズ。ベース横断北側道路。ハーキュリーズが着陸のため進入してくると、それが通過するまで車は待機を余儀なくされた。

フェンスの穴からアメリカをのぞき見る

'65 フォード・サンダーバード ●1965年(昭和40年)
東コーナーを走り抜けていく最新型サンダーバード。標準レンズで撮るとフェンスの枠が写ってしまうことがあった。向こう側のフェンス沿いには次々と横文字の看板が立った。現在も鉄製の支柱だけが残っている。

'60 クライスラー・ニューヨーカー ●1965年(昭和40年)
まだ、上陸したばかりで仮ナンバーつき。本来の場所にあるのは沖縄のナンバーか。通常は横浜のノースピアから陸揚げされるので神奈川の仮ナンバーが多い。立川ナンバーをつけているので空輸されてきたのだろうか。フェンス沿いの日本人の民家は平屋造りばかりだ。現在は2階建てでぎっしり埋まっている。

60年頃のシボレー・ベースのバス
● 1965年（昭和40年）

基地内を循環しているBASE BUS。ダッジやインターナショナル製もあった。後にシャトルバスといわれた。左ハンドル車であるため運転席後方にドアが後付けされているようだ。スクールバスは日本の国際興業が運行していたので日本製バスだった。

'65 フォード F100 ピックアップ
● 1965年（昭和40年）

憲兵隊のパトカーを始め、F100ピックアップトラックは軍で多数使われていた。ほとんどが旧来のスタイルであるステップサイド型。中には荷台にシェルを積んでいる車もあった。

'64 シボレー・ベルエア
● 1966年（昭和41年）

ベース横断道路の西コーナーへ進入してきた64年シボレー。なんのオプションパーツもつけていないファミリーセダン。後方のフェンスに囲まれた所はライフル射撃場。遠方にはインターナショナル製の病院バスが見える。

'65 クライスラー・ニューポート ◉1967年(昭和42年)
巨大なフルサイズカーのハードトップセダン。ガラスをすべて下ろしてドライブしている男性はかなり大柄なようで、この車にピッタリだ。日本人だと沈んでしまうだろう。MACの大型輸送機グローブマスターの前で。

三軍統合記念日オープンハウス

'59 ポンティアック・ボンネビル ◉1962年(昭和37年)5月
テールフィン絶頂期のモデル。コンバーチブルはポンティアック中の最高価格車。基地メインゲート近くの駐車場。見学者がぞろぞろと会場へ向かっているが、誰もこのド派手なオープンカーに目を向けていない。大多数の日本人にとって車はまだ高嶺の花。ましてや巨大なアメリカ車は別世界の存在だったのかもしれない。

'68 ダッジ・コロネット 500 ◉1971年(昭和46年)5月
メインゲートを入った格納庫の裏。基地内から北口のビル街を撮ったショット。高度成長で次々とビルが建ち、伊勢丹や丸井が見える。くわえタバコの強面の外人カップルの視線が恐かった。

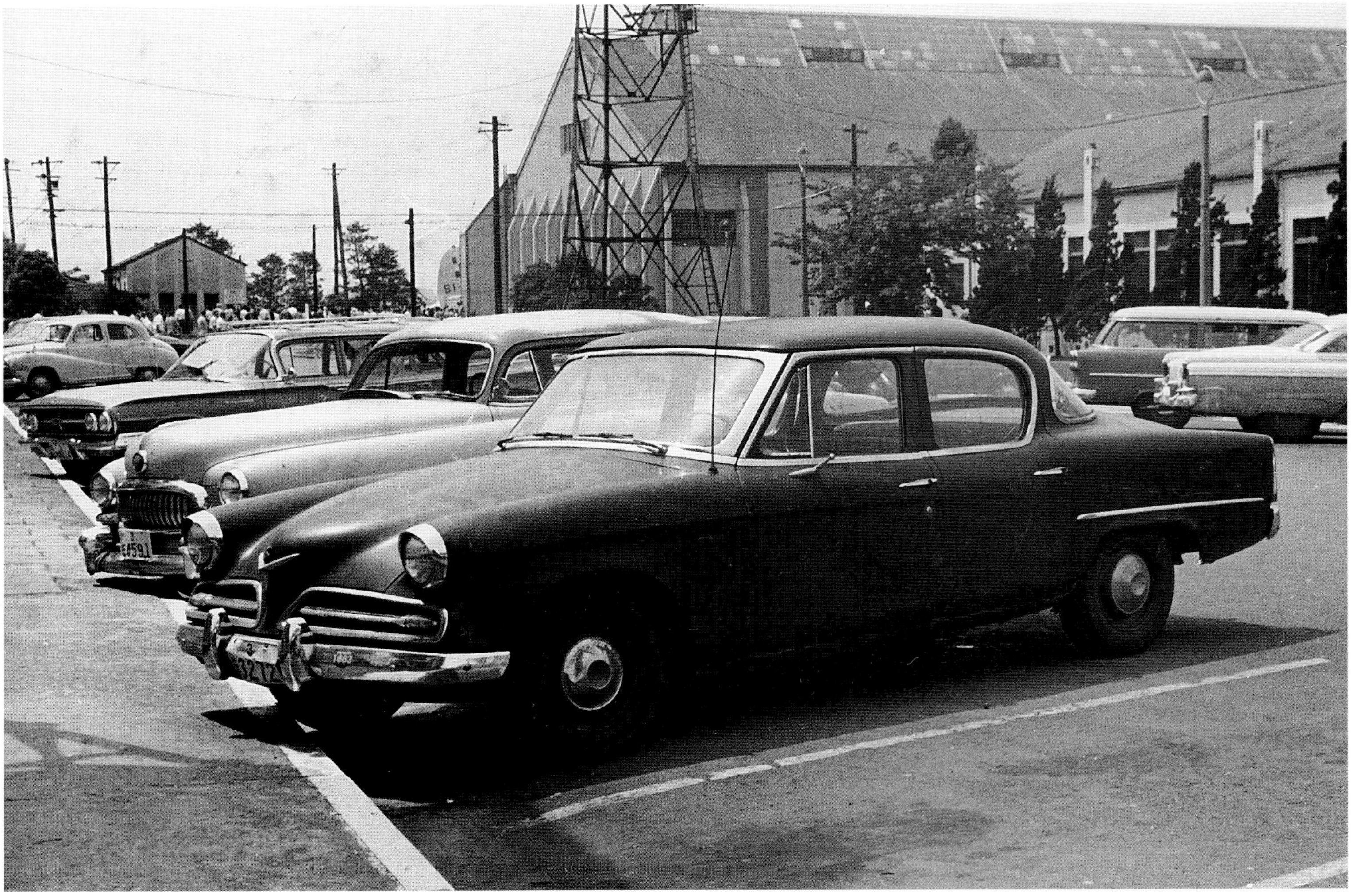

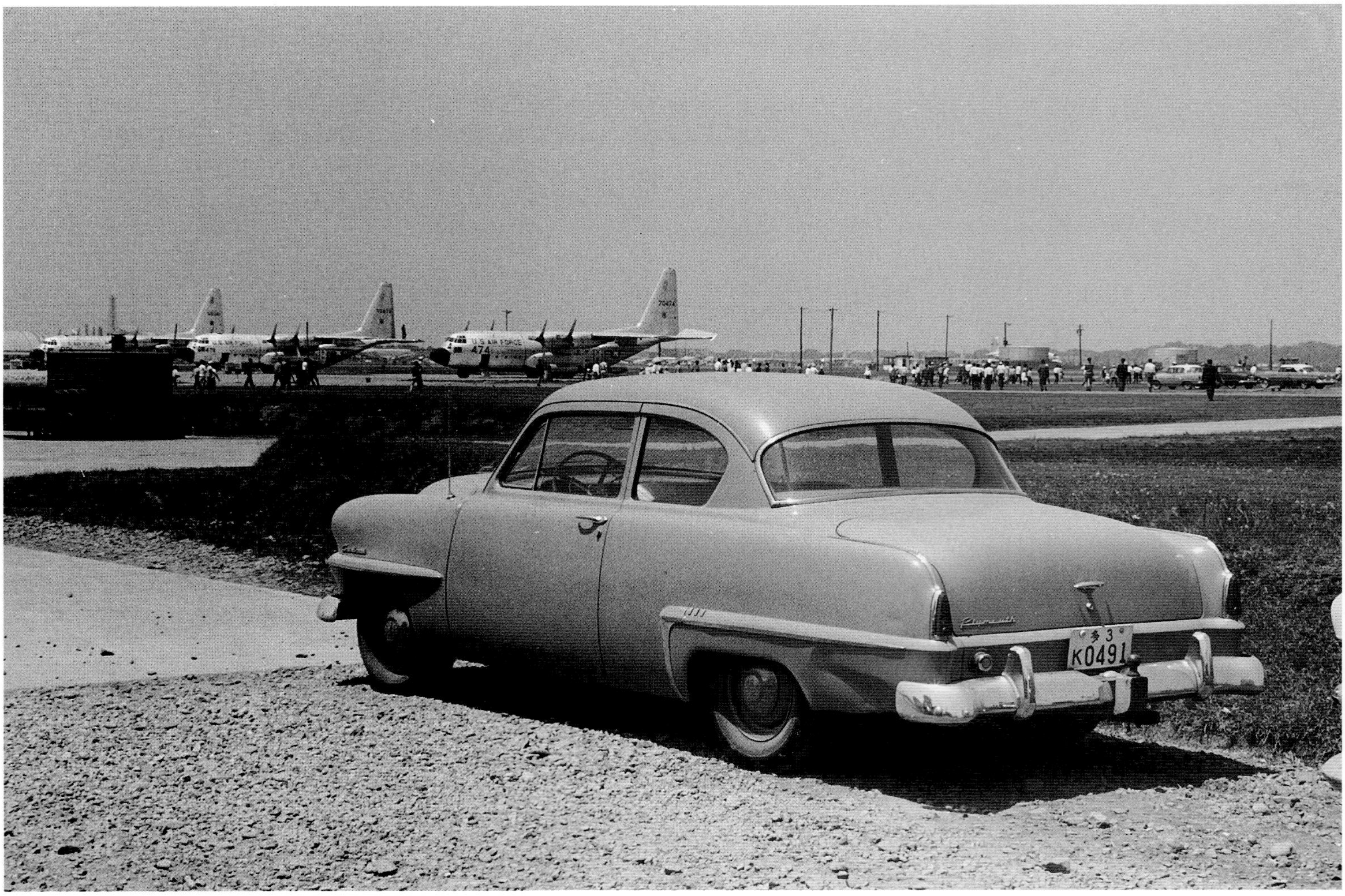
3
K0491

'63 ビュイック・ルセーバー ◉1964年（昭和39年）5月
イベント会場へ集まった米兵の車たち。まだまだ50年代のフルサイズカーが多い。隣の51年フォードはマイルドカスタムされているようだ。フォードとシボレーばかりが見える。

'63 ダッジ・ダートGT ◉1965年（昭和40年）5月
日本車に乗る米兵も出てきてYナンバーの初代クラウンが見えるが、まだ多くは50年代のフルサイズカーだ。セドリックやコニーは日本人ゲストの車だろう。ダートは62年までのランサーの後継車であるコンパクトサイズカー。65年より神奈川のナンバープレートは横浜と相模に分かれた。相模はM、横浜はKの文字を用いた。

'53 スチュードベーカー・コマンダー
◉1962年（昭和37年）5月
司令部裏の駐車場。60年代前半はフルサイズ・アメリカ車がいっぱいだった。写っているのは50年代の車が多い。スチュードベーカーのセダンはクーペと異なりスタイリッシュではなかった。画面奥がオープンハウスのメイン会場。

'53 プリムス・クランブルーク・クラブクーペ
◉1964年（昭和39年）5月
エプロンには多数のヒコーキが並んでいた。まだベトナム迷彩塗装以前の機体だ。見学の人々がゾロゾロ歩いている。写真の車はリアサイドウィンドーに三角窓がないので2ドアセダンではなくクラブクーペ。

ポルシェ 356B ◉1969年（昭和44年）5月
最後の飛行機展示風景。機体はC-124グローブマスター。中はガラーンと広いだけだった。69年末をもって立川ベースの飛行活動は終止符を打った。ポルシェ356はBシリーズ以降は大型バンパーをぶら下げていた。隣はポンティアック・ファイアバード。

70年代に入るとイベント会場にはスナックモビルがやってきた

車名不詳 ◉1971年（昭和46年）5月
ジャンボホットドッグはジェロニモドッグと呼ばれていたらしい。110円、ドル表示は30セントとなっている。まだ、1ドル360円の時代。

'69-'70 シボレー D-30 ◉1973年（昭和48年）5月
シボレートラックベースの移動販売車。アメリカ製のスナック菓子類を売っていた。ドアにはAAFES（ARMY & AIR FORCE EXCHANGE SERVICE）のワッペンが貼ってある。65年頃まではFEES（FAR EAST EXCHANGE SERVICE）であった。

クッシュマン三輪車 ◉1977年（昭和52年）5月
クッシュマンの三輪電気自動車もオープンハウスのときはいつも繰り出していて、アイスクリームを売っていた。同じようにAAFESのワッペンがある。座間キャンプでもよく見かけた。オランダ製のアイスクリームは乳脂肪たっぷりの味で、こってりして格別であった。

空軍病院

'62 オールズモビル・スーパー 88
◉1964年（昭和39年）5月
スーパー88はオールズの中位シリーズ。62年のGM各車のクーペは、コンバーチブルのようなルーフラインを持っていた。空軍病院正面玄関前。隣の車はブリティッシュ・フォード・プリフェクト。右手奥にも何台かパークしているが、怖くて入っていけなかった。

'55 リンカーン・カプリ
◉1963年（昭和38年）5月
55年型のアメリカ車のほとんどが大型のフロントウィンドーを採用していたが、リンカーンのみがモデルチェンジせず、旧型のウィンドーのままだった。空軍病院正面玄関付近。屋根の赤十字マークがはっきりと解る。

'65 ランブラー・クラシック 660
◉1970年（昭和45年）5月
1970年頃になると関東計画で空軍病院施設も横田基地へ移転しつつあったようで、正面玄関の位置も変わった。後方は基地外の民間ハウス。フェンスに扉を設けて自由に出入りしており、基地の拡張だと市議会で問題にもなった。

カマボコ兵舎

'55 デソート・ファイアフライト ●1962年（昭和37年）1月
ツートーンカラーに塗られた全盛期のデソートの最高級モデル。まだテールフィンはない。東地区BX付近。後方にかまぼこ兵舎群が見える。その前にはなにやら古い車が見える。

'58 フォード・サンライナー ●1963年（昭和38年）5月
サンライナーはフォードのコンバーチブルモデルの呼称。フェアレーン500シリーズに設けられた。スチール製の屋根がリアトランクに格納されてフルオープンになるリトラクタブル・ハードトップもあった。西地区にもかまぼこ兵舎があったが東地区より数は少なかったようだ。

アメリカンハウス

'68 オールズモビル 98 ●1971年（昭和46年）5月
まるでアメリカ映画のワンシーンのような光景。プリンス・グロリアが写っていなければ典型的なアメリカ東部の高級住宅地だ。98シリーズはオールズの大型シリーズでオイルショックまでは年々大型化されていった。

'67 ダッジ・コロネット 500 ●1971年（昭和46年）5月
平屋の一戸建てハウス。周囲は芝がはりめぐらされて小奇麗だ。芝は3インチ以内に刈られていることが義務づけられていたらしい。ベレットの奥には同じダッジのチャレンジャーが見える。

'59 シボレー・インパラ・コンバーチブル ◉1963年（昭和38年）5月
広い敷地にポツンポツンと白いハウスが建てられている。とても贅沢な住宅地。たぶん、将校用の住宅地であろう。アメリカ本国でも、庶民の住宅地はこんなに広くはなかっただろう。60年代初めまでは日本車はなく、住宅の前にはフルサイズカーという羨望の光景だった。

'67 プリムス・フューリーⅢ ◉1971年（昭和46年）5月
西地区にあった簡素なプレハブ住宅。地面に置いてあるだけのような造り、家族もちの下級兵士用であったと思われる。フルサイズ・プリムスのハードトップクーペはルーフラインが2種類あった。上級のスポーツ・フューリーはクライスラーと同じルーフラインをしていた。

'66 マーキュリー・コメット・サイクローン ◉1971年（昭和46年）5月
70年代初めの西地区住宅地の風景。整備されたきれいな住宅地であったが、残念ながらこの頃になると古い日本車ばかりになって、アメリカではなくなった。サイクローンは64年型より登場したコメットのスポーツバージョン。

タチカワエアターミナル

'59 キャディラック 62 クーペ ●1965年（昭和40年）5月
タチカワベースのパッセンジャーターミナルの正面玄関。この頃のターミナルは、関東地方の各地の米軍基地から乗客が集まってきて活気があったようだ。看板にはMATSとカントーベースコマンドのマークが描かれていた。

オペル・オリンピア ●1964年（昭和39年）5月
ターミナル前のパーキングロットをカメラを引いて撮った写真。50年代のフルサイズカーが多い。50年代中頃のオリンピアだが、右ハンドル仕様だから日本で購入したのだろうか、それともイギリスから転勤してきたのか。

'58 ビュイック・スペシャル・コンバーチブル ●1964年（昭和39年）5月
ターミナル前に並んでいる乗客の車。駐車枠の中に12 HOURS PARKINGと書かれている。58年型GM車は重量感溢れていた。右隣も58年型オールズモビル。右手奥の建物の屋根にBXカフェテリアの看板がある。コーヒーでも飲みながらヒコーキを眺めていたのだろうか。

'60 フォード・カントリー・スクワイア ●1964年（昭和39年）5月
ターミナル前を通り越してエアポートに近づいて見ると、ウッディーボディのカントリー・スクワイア・ワゴンがあった。後方にはMATS（Military Air Transport Service）のタラップやグローブマスターが見える。

憧れのスポーツカーに出会う

シムカ・オセアーヌ ●1960年（昭和35年）5月
アロンドのシャシーにファセルメタロンが魅力的なボディを架装したセミカスタム。当時、車雑誌の表紙にも登場した車。市内で見かけたときには中年の白人女性が運転していた。西地区住宅地で。

'58 シボレー・コルベット ●1961年（昭和36年）5月
53年に登場したアメリカ唯一のスポーツカー。ファイバーグラスボディをもっていた。58年型よりデュアルヘッドライトを採用。隣の車は同年代のオペル・カピテーン。アメリカ式の道路標識が見える西地区BX駐車場で。後方の円柱形の建物は何なのだろう。東地区にもあり現在も立飛企業内に残っている。

サンビーム・アルパイン ●1962年(昭和37年)5月
初代はタルボット90ベースだったが、このⅡ世はヒルマン・ハスキーのシャシーを用いた。後方にハスキーのホイールベースを延長して造ったヒルマン・ミンクス・エステートが写っている。

ジャガー Eタイプ ●1962年(昭和37年)5月
61年半ばに登場したEタイプは圧倒的人気で駐留米兵の間にも広がっていたようだ。年末には立川市内にも現れるようになった。市内をローギアで甲高い排気音をうならせて白人女性が運転していたのを見たことがある。東地区BX付近。ニューヨークの裏町のようだ。

オースティン・ヒーレー・スプライト・マークI ●1962年（昭和37年）5月
ベース西北端にあったライフル射撃場前。イギリス車の絶頂期の光景だ。ヒーレーの隣には登場したばかりのEタイプジャガー、さらにその隣にはフォード・アングリアが写っている。グロリア、クラウンは日本人ゲストの車。後方には砂川（五日市街道）の森が写っている。

ポルシェ 356B ●1963年（昭和38年）5月
ポルシェはサイドウィンドーがガラスのカブリオレ。MGAはサイドカーテンつきのロードスターだ。ポルシェのエンジンフード上には駐留軍人のカークラブTSCC（トウキョウ・スポーツ・カー・クラブ）のバッジがついている。西地区にあったモーテルのような建物の前。

MG ミジェット・マークI ●1964年（昭和39年）5月
オースティン・ヒーレー・スプライト・マークIIの姉妹車。最初期型で三角窓もない。ミジェットおよびスプライトはほとんどスチールホイール装着車でワイヤーホイールは見かけなかった。東地区で。

トライアンフ TR3A ●1964年（昭和39年）5月
TR3Aはワイヤーホイールにホワイトウォールタイヤつきが多かったが、これは珍しくスタンダードタイプでスチールホイールつき。アン・マーグレットが飛び出してきそうだ。後方の円柱型の建物は現在も多摩モノレール高松駅付近で健在だ。

MGA 1600 ◉1964年(昭和39年)5月
トノーカバーつきで駐車していた最終期のMGA。フロントグリルが一段内側に引っ込んでいる。後方には格納庫も見える。

オースティン・ヒーレー・スプライト・マークⅡ ●1964年（昭和39年）5月
初代カニ目スプライトがフルモデルチェンジして平凡なスタイルとなった最初のモデル。グリルやエンブレム、サイドモール以外は姉妹車のMGミジェット・マークⅠと同じ。東地区BX付近。反対車線に駐車している52年シボレーと初代トヨペット・コロナのデザインの近似性がうかがえる。

アストン・マーティン DB2/4
◉1964年（昭和39年）5月
DB2/4のマークⅢだろう。イギリス製高級スポーツカーのアストンは、当時の日本では片手で数えられる程度しか存在しなかった。この車についてはどこそこで目撃したとマニアの間で話題になった。右奥にフェンスに囲まれたプールらしきものがあるが将校用だろう。

トライアンフ TR4A
◉1970年（昭和45年）5月
ミケロッティ・デザインのボディを持つTR4のマイナーチェンジ版。グリルデザインが少し変わった。5ナンバーだから珍しい2ℓモデルだ。しかも右ハンドルであるところをみると、日本で購入したのか。

サンビーム・アルパインⅡ
◉1971年（昭和46年）5月
59年頃に登場したアルパインのマイナーチェンジ版。グリルデザインが変わったのと、テールフィンが少し低くなったのが違い。アルパインは日本ではあまり人気がなかったようだが、60年代の米軍基地ではMGのライバルとしてかなりの数が見られた車。

マイクロカーから超高級車までなんでもありだった

ハインケル・カビーネ
◉1960年（昭和35年）5月
マイクロカーの中でも超軽量な三輪車、イセッタと同様にドアは前面に一枚のみ。空冷4ストローク200ccエンジンつき。三角窓以外は固定式で雨の日はキャビン内は蒸し風呂のようだったろう。

ロイト・アレキサンダー・コンビ
◉1962年（昭和37年）5月
基地内修理工場の脇に、こんな車も置かれていた。600ccフロントドライブ車、初代スズライトはこの車のコピー版に近かった。61年ダッジ・ダートの写真（45ページ）の後方に写っているスズライトと較べてみれば一目瞭然。

メルセデス・ベンツ 300d
◉1959年（昭和34年）5月
ベンツの最高級車。アメリカナイズされた巨大なハードトップモデルなのに、たった3ℓのエンジンだ。建物は空軍病院の付属施設か。自転車は私が乗ってきたもの。

ロールス・ロイス・シルバークラウド ●1962年（昭和37年）5月
ロールス・ロイスは当時、ほとんど見ることができなかった車だ。シルバークラウドはアメリカテレビ映画「バークにまかせろ」の主人公の愛車としてテレビ画面では見ていたが、実物を見たのはこの時が初めて。シルバーボディの同型車も立川ベースで見たことがある。西地区で。

シトロエン DS19 ●1971年（昭和46年）5月
DS19としては後期のモデル。フロントバンパーが初期型と異なる。写真の車はアメリカ仕様車。今日の眼でもスタイリッシュで魅力的な車だ。フランスにはファセルという超高級車もあったが見ることはなかった。

キャデラックはアメリカの香り

'60 キャデラック 60S ●1961年(昭和36年)5月
歴代のキャデラックの中でも、エレガントなスタイルをしていたのがこの60年型60Sだ。細いクロームのトリムが採用されているからだろう。同じボディの59年型のド派手な車と較べれば一目瞭然だ。

'47 キャデラック 62 コンバーチブル(左) ●1963年(昭和38年)5月
西地区映画館の前。周囲は50年代のフルサイズ・アメリカ車がいっぱい。基地内でもこの場所とBXの駐車場がいちばん集まっていた。右は'59シボレーのワゴン。

'57 キャディラック・エルドラド・セヴィル ●1961年（昭和36年）5月
キャディラックのスペシャルモデル。テールのデザインが標準型とは異なっていた。コンバーチブルモデルはビアリッツと呼ばれ、立川市内でも見られた。西立川の第2ゲートを入ったところで。

'68 キャディラック・クーペ・ドヴィル ●1974年（昭和49年）5月
70年代にはアメリカ兵は古い日本車に乗るようになったので、キャディやリンカーンなどの高級車の2ドアモデルにはほとんど出会わなかった。志願兵制になったことも影響しているかもしれない。アイスを口にくわえたアメリカ人の兄妹が写っている。

'72 キャディラック・カレー ● 1976年（昭和51年）5月
巨大化したフルサイズ・アメリカ車のシンボルがこの70年代前半のキャディ。コンシールド・ワイパー、広いグラスエリア、細いピラーなどが特徴。周囲は古い日本車ばかり。画面の背景には東地区の格納庫がいくつも見える。

'68 フォード・フェアレーン ● 1976年（昭和51年）5月
空軍憲兵隊のパトロールカー。60年代にはエコノラインやピックアップが多かった。閉鎖された滑走路上だが背景には東地区格納庫やふたつの貯水タンクが見える。60年代のオープンハウスの時は人々でいっぱいだった。現在のこの場所に立てば、背景には多摩都市モノレールが走っているのだが、建物ができたので見えないだろう。

丸の内・赤坂・代々木

　昭和30年(1955年)を過ぎても、都心部のいくつもの建物がそれまで通りアメリカ軍に占領されていた。GHQも第一生命ビルにいすわっていたし、リンカーンセンターやジェファーソンハイツ、ハーディバラックスも東京のど真ん中に存在していた。JAPOCナンバーの車こそ1952年を境に消えていったが、"3A"ナンバーの車は1950年代後半まで丸の内を走り回っていた。陸軍が実戦部隊を日本から撤収し、東京のアメリカ軍の主役が陸軍から空軍へバトンタッチされた1960年頃になって、やっと部隊は東京郊外へ移駐し、都心部では米軍ナンバーの車がレアな存在になった。そして1964年の東京オリンピック選手村となった代々木のワシントンハイツの返還にともなって、完全に東京の占領時代に幕が下りた。都心部に残る施設は、山王ホテルと赤坂プレスセンターのみとなった。
　そんな東京であったが、車の世界を見ると1955年1月に発売されたトヨペット・クラウンおよびマスター、そしてダットサン110が近代的日本車のスタートラインであったと思う。しかし当時は車は庶民にとっては手の届かないところにあり、所有できたのは大企業や官庁、一部の資産家そして外国人が主であった。したがって、黒塗りの4ドアセダンが圧倒的に多かった。昭和20年代(1945〜1955年)は車といえばほとんどが外国車であり、特に1952年(昭和27年)から54年(昭和29年)にかけて外国車の輸入が自由化されたため、ヨーロッパのさまざまな車が輸入され、そのほとんどが自家用車ではなくタクシーとして使われた。1950年代後半に入ると国産車も増えてきて半数以上を占めるようになったが、都心部では外国車も多かった。しかし、1960年からの所得倍増計画にともなう高度成長が東京の車風景を一気に変えてしまい、国産車愛用政策とともに1960年代後半になると、国産車一色の異様な世界となった。私の都心部でのカーウォッチングは立川と同じく1955年頃から細々と続いていたが、国産車で埋めつくされた都心部には魅力が感じられなくなり、1965年を境に足が向かなくなって、たった10年でピリオドを打ってしまった。

丸の内——まだアメリカ兵の車も残っていた

トライアンフ TR2 ◉1956年（昭和31年）頃
東京駅丸の内口駅前広場。1950年代までは、丸の内は占領時代と変わらずにアメリカ軍に接収されていた建物があった。したがって、彼らの車を見る機会も多かった。TR2はTRシリーズの初期モデル。隣の車は52年頃のマーキュリー。駅前のタクシー乗り場には登場間もないトヨペット・マスターの姿も見えるが、不人気ですぐにクラウンに取って代わられてしまった。

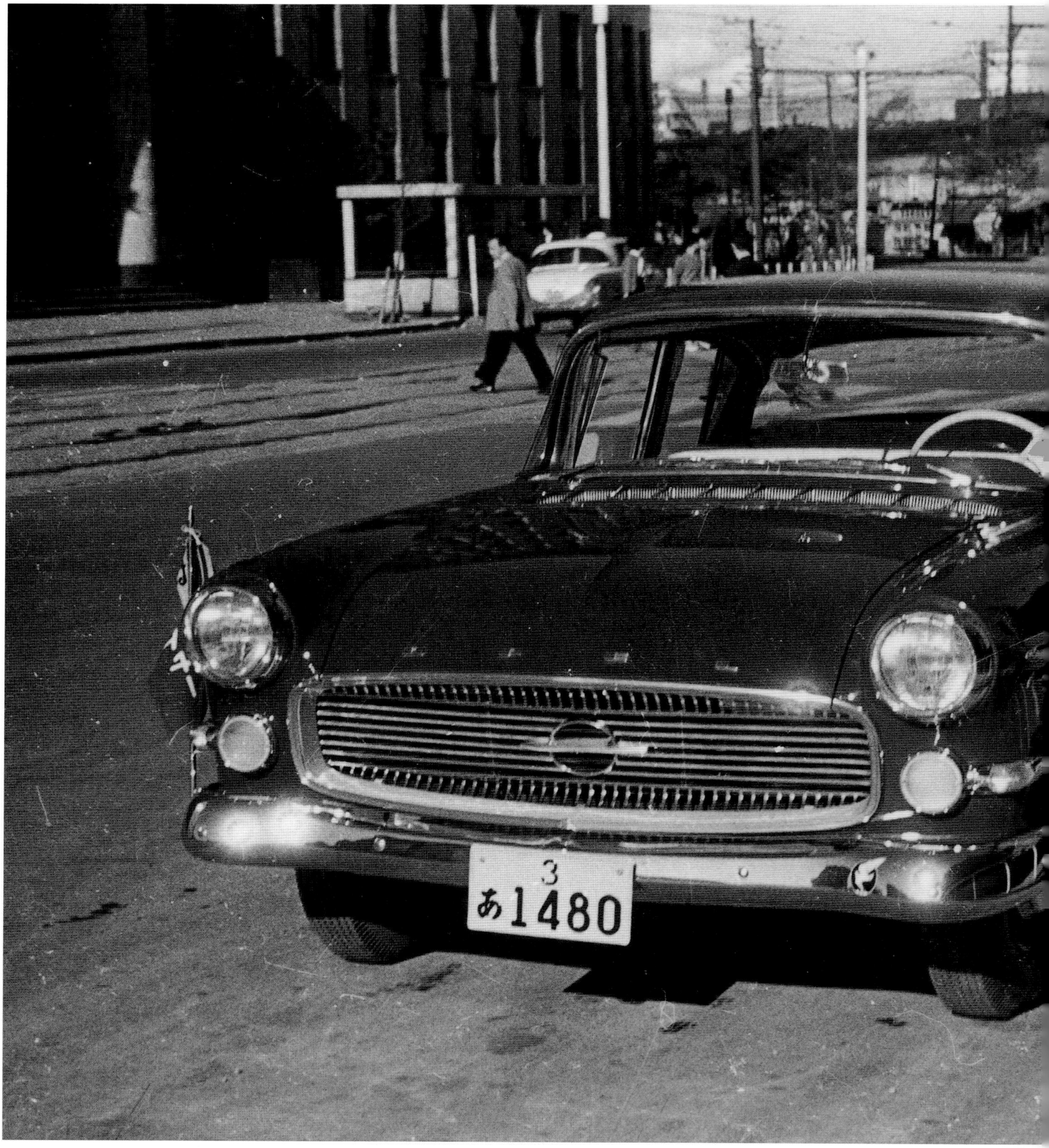
3
あ1480

オペル・カピテーン ◉1959年（昭和34年）頃
東京駅前。左手奥のビルは国鉄本社。後方のガードの上にあずき色の中央線電車の姿も見える。この年代のオペルは、ラップアラウンドウィンドーを採用した小さなアメリカ車の雰囲気を持つことで我が国では人気があり、輸入制限時代ではあったが大量に輸入されてハイヤーとして使われた。当時は観光報道用以外には外貨割り当てがなかった。後方の車もハイヤーとして使われていた58年型プリムス。

'55 シボレー・ベルエア 4ドアセダン ●1955年（昭和30年）頃
1955年頃までは、丸の内のオフィス街の一角はまだアメリカ軍に占領されておりGHQも第一生命ビルにいすわっていた。ウィークデーの皇居前広場は彼らのマイカーで埋っていたらしいが、残念ながら私はその光景は知らない。写真は日曜日の丸の内で撮ったもので周囲は閑散としていた。最新型のアメリカ車に出会えてドキドキした記憶がある。

'56 プリムス・ベルベデレ 4ドアセダン ●1956年（昭和31年）頃
丸の内オフィス街。といっても有楽町付近だったと思う。日曜日でビルのシャッターは降りているが韓国銀行前。56年型プリムスはマイナーチェンジであったが、2トーンカラーと控えめながらテールフィンがついたのが特徴。翌年テールフィンがブレイクして一大ブームとなった。後方はフィアットの人気シリーズ1100の初期モデル。

MGA ロードスター ●1960年(昭和35年)頃
日比谷公園近くの御堀端で見かけた最新型スポーツカー。まっさらの新車のようで、ホワイトウォールタイヤとワイヤーホイールがピカピカだった。着脱式のハードトップをつけたモデルは珍しかった。バンパーには横須賀基地所属と思われるステッカーが貼ってある。後方は内堀通り。

トライアンフ・ヘラルド・クーペ ●1961年(昭和36年)頃
59年頃に登場したヘラルドのクーペバージョン。写真のように2トーンカラー仕様のものが多かった。有楽町付近の国電ガード下。ガードの下はお店になっているところが多かった。タンゴ喫茶「ブルボン」の前。昭和30年代中頃を過ぎて都心部にはもはやアメリカ軍は駐留はしていなかったが、ときどき彼らの車は見かけた。

赤煉瓦ビル街──一丁倫敦と言われていた

プジョー 403 ●1959年（昭和34年）頃
東京都庁の斜め前にあった赤煉瓦ビル街。明治時代に建設された建物だが昭和30年代はまだ残っていた。プジョー403は203の後継モデル。地味なデザインだったが人気があり404が登場後も生産されていた。右ハンドル仕様は珍しかった。後方は同年代のオペル・カピテーン。遠景には国電山手線の電車の姿も写っている。

フォード・ゼファー・シックス・ドロップヘッドクーペ ◉1958年（昭和33年）頃
前ページの道路反対側の赤煉瓦ビル前。ビルのコーナーに「仲9号館」の表示板が見える。ゼファーはブリティッシュ・フォードの上位モデル。ボディの基本はコンサルと同じだが6気筒エンジンつき。コンバーチブルはコンサルにも用意されていた。丸の内ビル街にもオート三輪が駐車していた年代。画面奥は馬場先門。

MG マグネット ZA ◉1956年（昭和31年）頃
54年頃に登場したMGのスポーツサルーン。同じボディのウーズレー版もあったが、こちらのほうが高性能モデル。写真の車は初期型で、後期モデルのZBはリアウィンドーが拡大され2トーンカラーの車もあった。丸の内オフィス街で見かける個性的な車は、一般外国人所有車であることを示す「り」ナンバーの車が多かった。

モーリス・マイナー・トラベラー ◉1958年(昭和33年)頃
日本人所有の個性的なマイカーが2台並んでいた。サイドにウッドスレートを取り付けたお洒落なステーションワゴンであるトラベラーは、当時の英国車の伝統的スタイルだ。サルーンではなくこんな車を所有していた人は、かなり趣味性豊かな人なのだろう。この頃、丸の内界隈の道路にはネギ坊主のような形をしたパーキングメーターがあちこちに立てられた。

ライレー・パスファインダー ◉1958年(昭和33年)頃
クラシカルなすそを引いたスタイルを持ったライレーは、50年代半ばにフラッシュサイドのこんな大きなボディの車を登場させた。やはり「り」ナンバーの外国人所有車。何と左ハンドル車である。背後の赤煉瓦造りの建物とこのライレーの組み合わせを見ると、ロンドンの街角のような光景だ。2.5ℓエンジンを装備。

スタンダード・バンガード ◉1956年(昭和31年)頃
バンガードは40年代末にファストバックスタイルで登場した2ℓクラスの英国車。54年頃にノッチバックスタイルになった。ずんぐりむっくりした典型的な50年代初期スタイルだ。3万番台ナンバーなので外国人所有車。赤煉瓦ビル街には英国車がぴったりのようだ。

メルセデス・ベンツ 180 ◉1958年(昭和33年)頃
53年に登場した3ボックスタイプの初の本格的戦後型ベンツ。4気筒のこの180は小型モデルで、このホイールベースを延長して6気筒の220シリーズが生まれた。高性能エンジンを積んだ190シリーズも180と同じボディだが、ウェストラインのクロームモールディングの有無で識別できた。初期モデルは三角窓もなかった。写真の車は珍しい右ハンドル仕様。ナンバーも珍しい領事館ナンバーだ。

帝国ホテル——日本人はお呼びでなかった？

AC 2リッター・サルーン
● 1961年（昭和36年）頃

フランク・ロイド・ライトが設計した帝国ホテルは、終戦後はアメリカ軍に占領され将校用宿舎になっていた。そのためか否か、昭和30年代はまだ利用者の多数は外国人であったのだろう、横文字の案内板が目立っていた。このACのサルーンは英国大使館の車で、マニアの間ではよく知られていた。事務服を着た女性のいでたちがいかにも30年代風だ。

'60 クライスラー・ニューヨーカー 4ドアセダン ● 1960年（昭和35年）頃

帝国ホテルの正面玄関。正面には小さな池があった。この建物は取り壊された後も、歴史的建造物として愛知県内に保存されている。60年型クライスラーは巨大なテールフィンをつけた重量感溢れる車だった。「り」ナンバーだから外国人所有車。

メルセデス・ベンツ 220
カブリオレ A
◉1962年(昭和37年)頃
こんなエレガントで気品溢れたメルセデスは、なかなか見ることはなかった。帝国ホテルに乗りつけたオーナーは、いったいどんな人だったのだろう。当時の雑誌によれば、服飾デザイナーの伊東茂平氏も同じ車に乗っていたはずだ。

'59 リンカーン・プレミア 4ドアセダン ◉1960年(昭和35年)頃
帝国ホテル近くのビルの脇で見かけたリンカーン。59年型はマイナーチェンジでグリルパターンが少し変わった。プレミアはリアウィンドーが普通の形をした標準モデル。「外」の文字が円で囲まれたどこかの国の大使の車。一般の外交官の車は単なる外ナンバーがついていた。外ナンバーは運輸省でなく外務省が発行していたらしい。

メルセデス・ベンツ 300 リムジーネ
◉1959年(昭和34年)頃
グロッサー・メルセデスの雰囲気を残した最後のモデル。重厚感溢れたスタイルだ。後のモデルである300dは6ウィンドーのピラーレスハードトップとなったので軽快なイメージとなってしまった。場所は第一ホテル付近だったと思う。

BMW 501 リムジーネ ●1956年(昭和31年)頃
当時のBMWはきわめてマイナーな存在で、このタイプ501とそのV8エンジンつきモデルの502を含めても東京には何台もなかったと思われる。なかなか優雅なスタイルをしていた。この頃のBMWはマイクロカーのイセッタの方が知られていた。場所は有楽町付近だったと思う。直列6気筒の2ℓ 65馬力エンジン。

モーリス・オックスフォード・サルーン ●1956年(昭和31年)頃
初代のモデルはモーリス・マイナーの拡大版のようなスタイルをしていたオックスフォードだが、55年頃にこのスリーボックススタイルとなった。インドのヒンドスタン・アンバサダーはこのモデルを基本に1990年代まで造られていた。画面後方は東宝劇場だったと思う。

フォード・タウヌス 15M ●1956年（昭和31年）頃
12Mのボディに1.5ℓエンジンを積んだ高性能モデル。外観上の違いはフロントグリルの違いとクロームモールディングが多用されていること。場所は前出の通りの延長線上であろう。後方の車は51年型ポンティアック。当時の流行のアウトサイドバイザーがつけられている。

フィアット 500C ●1958年（昭和33年）頃
戦前の500トポリーノの発展最終型。55年に登場したリアエンジンの600に取って代わられるまでイタリア人の足であった。当時のローマ市内の写真を見るとこの500のクーペとワゴンで道路は埋めつくされていた。場所は日比谷交差点付近。

大手町・皇居前

メルセデス・ベンツ 170 カブリオレ ●1959年（昭和34年）頃
ヘッドライトの独立した戦前のスタイルのまま、170シリーズは1950年代初期まで造られていた。セダンに較べるとカブリオレに出会う機会はほとんどなかった。大手町の永代通りと日比谷通りが交わる付近。後方には富士銀行本店の看板も見える。周囲にはまだ外国車が多い。Uターンしているのは54年ビュイック。その先にオペル・カピテーンの後ろ姿も見える。

オースティン A40 スポーツ ●1958年（昭和33年）頃
皇居前、和田倉門にオースティンA40が2台並んで駐車していた。うしろのサマーセットは日本のノックダウン生産車だろう。A40スポーツは同時代のジェンセンの縮小版のようなスタイルをしていた。昭和20年代はアメリカ兵の車で埋っていた場所だが、昭和30年代になると丸の内に勤める高給サラリーマンの自家用車に取って代わられた。

DKW マイスター・クラッセ ◉1955年（昭和30年）頃
1950年代前半は一時期だけ外車の輸入が自由化になり、欧州からさまざまな車が輸入された。DKWはその中でも人気車であった。マイスター・クラッセは2気筒2ストローク700ccで、その後3気筒900ccのゾンダークラッセに発展した。DKWのオーナーズクラブまでできた。タクシー不足であったから2ドアモデルでも写真のようにタクシーとして使われた。初乗り70円らしい。

ウーズレー 4／44 ◉1955年（昭和30年）頃
MGマグネットZAシリーズと共通のボディをもったモデル。1.25ℓ44馬力エンジンつきのはずだが、なぜか3ナンバーの普通車登録だ。

銀座──田舎者は足を踏み入れにくかった

ゴリアート GP700 ◉1955年（昭和30年）頃
ドイツ、ボルクヴァルト・グループの車。1952年から54年頃にかけて外車の輸入が自由化されたので、このような車も輸入された。この車は正確にはGP700でなくフェイスリフトモデルだろう。その後、900から1100へと発展していった。後方は駐留軍ナンバーをつけた54年型シボレー。銀座もまだ戦後であった。

オースティン A50 ケンブリッジ ◉1955年（昭和30年）頃
日産自動車はA40のノックダウン生産を始めたが、本国がA50へモデルチェンジすると、それにしたがってこのA50に切り換えた。これは6人乗りとしたタクシーのようだ。道路反対側の車も外国車が多い。右側に見えるのは国産のオオタPH-1のようだ。

アメリカ大使館周辺――新型車の宝庫だった

'60 オールズモビル・ダイナミック88 4ドアセダン ●1960年（昭和35年）頃
第一生命ビルのGHQとともに戦後史には必ず登場するアメリカ大使館。昭和30年代中頃の普通の日の正門前はこんな感じで、フルサイズ黒塗りのアメリカ車で埋っていた。GMの中級車オールズモビルの下位シリーズがダイナミック88。正門前には59年型プリムスのセダンも見える。

'60 フォード・ギャラクシー 4ドアハードトップ ●1960年（昭和35年）頃
正門から左方向へ進んだ角にも守衛の詰め所があった。奥の建物はもともとアメリカ大使公邸で、占領時代にはマッカーサー元帥の住居にもなっていたから、ここにも米兵の警備員が立っていた。左手の霊南坂を登っていくと公邸の正門があり、元帥はそこから出入りしていたらしい。60年型フォードは前年モデルとすっかり変わってシンプルなスタイルをしていた。しかし、結果的には前年勝ち取ったベストセラーカーの地位は再びシボレーに明け渡してしまった。

'59 ランブラー 6 スーパー 4ドアセダン
◉1960年（昭和35年）頃
大使館前の道路は、右手の正門方向へ向かって下り坂となっていた。周囲は高い鉄製のフェンスで囲まれていた。58〜59年頃のランブラーはテールフィンを持った無骨なスタイルをしていたが、ビッグスリーがまだコンパクトカーに手を出していなかったので、特異な存在として販売が絶好調の時代であった。

アウトウニオン 1000SP ◉1962年（昭和37年）頃
DKW900から発展して、全く別のスポーティなボディを着たモデル。アメリカナイズされたスタイルから、サンダーバード・ルックといわれていた。コンバーチブルモデルもあったというが私は見ていない。前ページの写真と同じ場所だが、年月を経て後方に巨大ビルディングが建設中だ。経済活動の活発化がうかがわれる。トヨエースや三菱ジュピター等のトラックも写っている。

ジャガー・マークⅡ ●1960年(昭和35年)頃
旧満鉄ビルにあったアメリカ大使館別館前にも、いつも10数台の外ナンバーの車が駐車していた。そんな中でこのジャガー・マークⅡはスタイリッシュなスポーツサルーンとしてひときわ輝いていた。今日、この車の縮小コピー版が我が国で造られていることから見てもこの車の歴史的価値は高いと思う。後方は虎ノ門病院の駐車場。50年代後半の国産車ばかりが見える。その奥には完成したばかりの東京タワーの姿も。

'59 フォード・カスタム 300 4ドアセダン ●1959年（昭和34年）頃
大使館別館前の道路で見かけた新型フォード。なんと右ハンドルである。アメリカ車の右ハンドル版はレアな存在だった。最下位シリーズだから、大使館のフリートユースだったのだろう。この時は隣の虎ノ門病院を含めて周囲はアメリカ車ばかり。

'57 リンカーン・プレミア・ハードトップクーペ ●1959年（昭和34年）頃
同じ場所を反対側から撮った写真。別館前はこんな風景であった。左手奥が別館正面玄関。テールフィン絶頂期のリンカーンの2ドアモデルは珍しい存在だった。アメリカ軍人のプライベートカーだが、この車は後にピンク色に塗り替えられていた。

'57 クライスラー 300C ●1961年(昭和36年)頃
55年より登場したクライスラー300のアルファベットシリーズの3代目。その名のとおり55年に登場したときは300馬力であったがこのC型は375馬力を誇り、パワー競争の頂点に立った。400馬力になったモデルも60年代初めのモデルにはあった。この車はどういうわけか虎ノ門のフォード・ディーラー、ニューエンパイヤに置いてあった。

'56 インペリアル・ハードトップ・クーペ ●1962年(昭和37年)頃
インペリアルは55年型よりクライスラーから独立したシリーズとなった。4ドアセダンはポピュラーであったが、この2ドアモデルはレアな存在であった。虎ノ門の文部省の前だが、2ドアクーペであるのに運転手つきでオーナーらしき人は後部座席に乗り降りしていた。輸入制限時代であったから2年落ちの車をやっと手に入れたのであろう。

赤坂──溜池周辺は外車ディーラーが軒を連ねていた

'60 キャデラック 62 4ドアセダン ● 1960年（昭和35年）頃
外堀通り山王下にあった、アメリカ軍専用の宿舎であった山王ホテル駐車場。赤坂プレスセンターとともに、最後まで都心部に残っていた米軍施設。右隣にはU.S.ARMYの文字をリアトランクに書き込まれた陸軍のスタッフカー。朝霞のキャンプドレイクの所属であるとも書かれている。背景には日本国の象徴である国会議事堂の姿も写っている。まるで占領時代のような光景だ。

ワシントンハイツ周辺──アメリカの香りのする静かな住宅地

'59 ビュイック・インビクタ 2ドアハードトップ ●1961年（昭和36年）頃
表参道原宿駅付近。人通りもほとんどない閑静な住宅街であった。駅から明治通りまではゆるい下り坂。お店といえばキディランドぐらいしかなかった。山手線をはさんで反対側にあったワシントンハイツの住人であるアメリカ兵の車が駐車していることが多かった。59年型ビュイックは同年のキャディラックとともにテールフィン絶頂期のモデル。クーペは特にフィンが強調されて見えた。

'58 シボレー・インパラ 2ドアハードトップ ●1962年（昭和37年）頃
表参道原宿駅付近。画面奥のルノーが駐車している付近が駅舎。平日の駅前の人通りはこんなものだった。58年型インパラはシボレーのスペシャルシリーズとして初めて登場した。クーペとコンバーチブルの2種類のみが存在。

デイムラー・マジェスティック ●1960年（昭和35年）頃
参宮橋ゲート近く。こんなに古風なスタイルをしたイギリス車に乗っているアメリカ兵もいた。相当なこだわりを持った人であろう。同じモデルを関西の著名な落語家が愛車にしていたようだ。直6 3.8ℓエンジン。

ジャガー XK150 ロードスター ●1961年（昭和36年）頃
ワシントンハイツの南側の渋谷口ゲート。左手の建物がゲート詰め所。ゲート前の店には、なつかしいコカコーラやペプシコーラのクーラーボックスが見える。ワシントンハイツには一度だけソープボックス・ダービーを見学するために中へ入ったことがある。ハイツの南側の斜面の道路を使って子供用自動車のレースが行われていたのだ。残念ながら写真は一枚も撮れなかった。

各地の米軍基地を訪れる

　すでに述べたように、1960年代後半になると立川市内はほとんど駐車禁止となり、市内でのカーウォッチングが次第に不可能となってきた。それにつれカーウォッチングのフィールドは、各地の米軍基地のオープンハウスが主たる場所になった。そのためにFENのラジオを聞いて情報を得ることが重要になってきた。60年代中頃になると神奈川県内の米軍施設、座間キャンプや厚木基地の三軍記念日のオープンハウスに出かけるようになった。横須賀基地も一度訪れたがカメラの持ち込みは禁止されていて、たった一度で終わってしまい何も記憶に残らなかった。

　70年代に入ると、町中でのウォッチングは横田基地の城下町福生と厚木基地の城下町である大和市南林間に限定されてきた。偶然発見して驚いたのだが、南林間には深い木立の中にこぎれいな洋館がぽつりぽつりと建っており、その前には泥で汚れた外車がとまっていた。時代は70年代に入っていたので日本車が多く残念であったが、もう少し早い時期に気がついていればと悔まれた。車風景がピカ一だったのは、なんといっても相模原の陸軍ハウジングエリアであった。座間キャンプには実戦部隊はおらず、そこに勤務する兵士の家族住宅であったからハイクラスの車が圧倒的に多く、金網越しにそれらを見ているとアメリカ東部の住宅地のような雰囲気であった。住宅エリアであるからオープンハウスはなく、一度も中へ入ることはできなかった。70年代初めに再び横須賀を訪れたときはカメラの持ち込みも許可されるようになり、77年まで4回くらい訪れた。また、70年代は5月の三軍記念日がオープンハウスとは限らなくなり、基地によって開放される日はまちまちになった。60年代中頃から始まったオープンハウス巡りは、キャンプ王子、ジョンソン・ハウジングエリア等関東周辺のほとんどの米軍施設を巡り歩いたが、80年頃には日本車ばかりの世界になるとともに、ピリオドを打った。

米軍基地は有刺鉄線で囲われていることが多かった。写真は昭島の昭和基地。
1965年(昭和40年)3月28日　車は'63ランブラー・クラシック。

フィアット 1200 スパイダー（右から2台目）●1962年(昭和37年)4月5日 昭和基地
立川ベースの西隣にあった米軍専用のゴルフ場。クラブハウスの前にはアメリカ兵の車がずらりと並んでいる。Y、E、Hとその頃見られたナンバーが3台そろって駐車していた。芝の上でゴルフに興ずる人が見えるが、当時の日本人にとっては羨望の光景だった。

'68 ダッジ・コロネット 500 ●1970年(昭和45年)頃 関東村住宅地
ワシントンハイツの代替施設として、1964年頃に調布の水耕農園跡地に建てられた。やはり有刺鉄線で囲われていた。このハウジングエリアは関東計画によって10年少しの寿命で消え去った。膨大な税金の浪費であったと思う。

'62 キャディラック 62 ハードトップセダン ●1967年(昭和42年)頃 府中基地
1960年代、府中エアステーションには在日米軍第5空軍指令部があったが、オープンハウスはなかった。フェンス越しに望遠レンズで撮ったショット。ブルーバード以外はすべて外車。勲章を胸にちりばめ正装した軍人の姿が見える。

'63 プリムス・バリアント V-200 ●1969年(昭和44年)12月21日 グリーンパーク住宅地

武蔵野市にあったグリーンパークは、旧中島飛行機の工場建物を使用した長屋式の中層アパートが連結していた。その前の駐車場を望遠レンズで撮ったショット。奥に横文字の看板が見えるところがメインゲート。立川や府中基地へ勤務する将兵が住んでいた。右手にはニューヨーク等の街角で見られる消火栓が写っている。

'62 マーキュリー・ミーティア・カスタム ●1970年（昭和45年）頃 ジョンソン住宅地
航空自衛隊入間基地の住宅部分は1960年以降、横田基地の付属施設としてジョンソン・ハウジングアネックスとして米軍に占領されていた。フェンス越しに撮影したショットだが、別世界の趣があった。

'70 AMC ジープ・ワゴニア ●1971年（昭和46年）頃 三沢基地
青森県の三沢空軍基地は1971年頃より航空自衛隊との共同使用となった。F4ファントムの実戦部隊は韓国へ移動中であった。その後ネイビーのP-3対潜哨戒機の部隊が移駐し、現在では再び空軍の部隊が駐留するようになった。

'69-'70 シボレー C-10 パネルバン ●1970年（昭和45年）5月 厚木基地
アメリカ海軍航空基地（ネーバル・エアステーション・アツギ）のオープンハウスは、マニアにとってはたまらない日であった。雨が降ろうが熱狂的ファンは出掛けていく。2、3年前まではエアショーを見たさに出掛けていたが、それも現在はなくなった。

'68 オールズモビル・カスタム・ビスタクルーザー ●1974年（昭和49年）頃 横浜本牧
70年代まで横浜本牧の海軍住宅地の一角にあったエクスチェンジの駐車場。隣にこの場所がどこであるかを示したトラックが駐車している。初めてここを訪れたのは1962年であったが70年代もときどき出掛けていた。ビスタドームをもったこのワゴンは64年より登場し72年型まで続いた。

'68 シボレー・インパラ ◉1972年（昭和47年）5月 横浜港 ノースピア

現在ではノースドックと呼ばれている米軍専用埠頭。1971年と72年の2回訪れたが、当時は在日米軍の大幅撤退の時期であったから、写真のように日本を離れる将兵のマイカーで溢れていた。中には、日本車を持ち出す者もいた。

次ページ：
'74 フォード・マーベリック ●1977年（昭和52年）
甲板からこぼれ落ちそうな艦載機。イントルーダーやトムキャットが見える。マニアであれば尾翼に書かれたNGのレタリングからこの空母を特定できるのであろうが私には解らない。ミッドウェイが横須賀母港化した頃。小型のマーベリックでなくフルサイズカーが全盛の60年代に、このショットを撮りたかった。

'74 ダッジ・ダート・スポーツ ●1977年（昭和52年）横須賀基地
アメリカ海軍の海外における重要拠点ヨコスカ。初めて訪れたのは60年代中頃だったが、カメラの持ち込み禁止だった。写真は最後に訪れた1977年。小高い丘の上にあった在日米海軍司令官のいる建物前。右手のフォードがそのスタッフカーか？

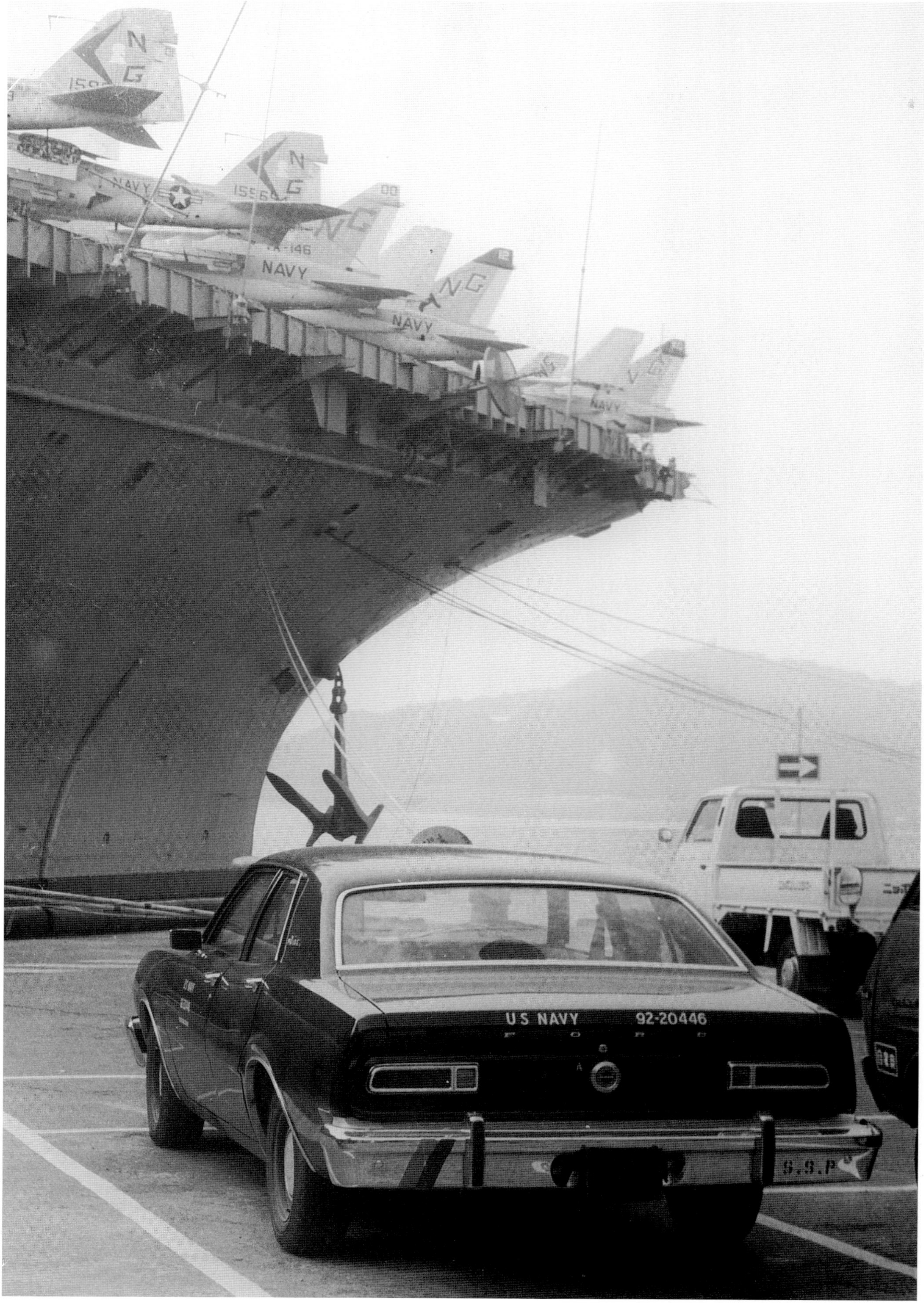
NAVY
NAVY
NAVY
U S NAVY
92-20446

東京外車ワールド
1950～1960年代
ファインダー越しに見たアメリカの夢

2003年3月25日　初版発行

著者　高木紀男(たかぎ のりお)

発行者　渡邊隆男

発行所　株式会社 二玄社
　　　　東京都千代田区神田神保町2-2　〒101-8419
　　　　営業部＝東京都文京区本駒込6-2-1　〒113-0021
　　　　　　　　電話 03-5395-0511
　　　　　　　　URL　http://www.nigensha.co.jp

製版　大森写真製版所
印刷　図書印刷株式会社
製本　丸山製本

ISBN4-544-04085-X

©Norio Takagi, 2003
Printed in Japan

JCLS (株)日本著作出版権管理システム委託出版物
本書の無断複写は著作権法上の例外を除き禁じられています。複写を希望される場合は、そのつど事前に(株)日本著作出版権管理システム(電話 03-3817-5670, FAX 03-3815-8199)の許諾を得てください。